초등 온라인 자기주도 공부법

아이의 온라인 자기주도학습을 어떻게 도울까

유경숙 지음

더메이커

들 | 어 | 가 | 며

온라인 교육 시대 자기주도공부가 필수다

우리는 지금까지 학생이 없는 학교, 학교 문이 열리지 않는 개학을 한 번도 상상해보지 못했다. 하지만 '온라인 개학'이라는 전대미문의 상황이 벌어졌다. 교사는 학생 없는 교실을 지키고, 학생은 각자의 집에서 수업을 듣고 있다. 우리는 6.25전쟁 통에 천막학교에서 공부한 적이 있는데, 코로나19 전쟁을 치르는 지금은 온라인 천막교실에서 공부하고 있는 셈이다. 이 전쟁은 여전히 진행 중에 있으며, 혼란 상황을 벗어나기 위해 안간힘을 쓰고 있다. 또한 여기저기서 포스트 코로나 시대의 교육에 대해 다양한 의견과 대안을 내놓고 있다.

10년 전, 미래 교육 예측을 통해 본 온라인 학습

2010년 3월, 10년 후의 교육을 예측한 책이 출간된 적이 있다. 바로 《2020 미래 교육 보고서》이다. "온라인 세계가 교육 혁신을 주도할 것"이라는 내용이 핵심이다. "어디서든 원격으로 교육받는 시대가 올 것이며, 기존의 교실은 이제 더는 배움의 기본 장이 아닐 것"이라 주장했다. 또한 "온라인 학습을 통해 진정한 개별맞춤 학습이 시작되고, 사이버 공간이 학교 교육의 대표주자가 될 것이며, 미래의 교육은 가르침 중심에서 배움 중심으로 크게 전환될 것"이라고 내다봤다.

우리나라의 교육과정은 이런 예측과 크게 다르지 않게 개편되어 왔다. 디지털 교과서의 보급 계획에 따라 일부 수업에서 디지털 교과서로 학습이 시작되고 있다. 사교육 업체들도 발 빠르게 디지털 기기를 활용한 온라인 학습 콘텐츠를 봇물처럼 쏟아내고 있다.

《2020 미래 교육 보고서》의 저자 박영숙 교수는 "2020년만 되면 대부분의 학교에서는 학생들이 교육기기를 들고 또는 교육포털에서 정보를 가지고 와서 학생들끼리 학습하거나 온라인으로 배우는 사이버 교육 등이 대세가 될 것"이라고 했다. 이에 따라 지금까지 정보와 지식을 전달하는 것이 주요 임무였던 교사의 역할도 변화하게 된다. "학생들이 교육포털 등에서 학습 내용을 검색해오면 그 정보를 가지고 잘 배울 수 있도록 학생들에게 조력자(helper), 보조자(assistant), 조언자(mentor), 안내자(guide), 중재자(facilitator) 등의 역할을 하게 된다"는 것이다.

몇 년 전부터 교육 현장에서는 거꾸로 학습(flipped learning, 수업 내용을 온라인으로 먼저 학습한 뒤 진행하는 수업 방식)이나 블렌디드 러닝(blended learning, 온라인 학습과 오프라인 학습의 장점을 결합한 학습 방식) 등이 소개되고 있고, 이를 학교 수업에 적용시키려는 노력도 활발하게 이루어지고 있다. 이런 변화에 따라 교사 중심의 티칭 수업에서 학생 중심의 코칭 수업으로 자연스럽게 변화하고 있다. 이런 경향은 점점 더 속도를 낼 것이다.

학습 격차를 만든 온라인 자기주도학습 능력

앞에서 살펴본 것처럼 교육의 변화는 예측되어 왔고, 우리는 그 과정을 밟아오고 있었다. 그런데 왜 코로나19와 함께 맞닥뜨린 온라인 개학이 당황스럽고 힘든 걸까?

가만히 생각해 보면 온라인 개학이 갑작스럽게 느껴지는 건 우리가 '온라인'이라는 매체 자체에 익숙하지 않아서는 아닌 것 같다. 그동안 우리는 4차 산업혁명의 도래를 외치며 당연히 학교 수업에서 온라인 학습의 활용에 대해 논의해 왔으며, 가정에서 온라인 콘텐츠를 담은 기기로 학습의 도움을 받는 학생들이 많다. 그러나 온라인 개학을 하면서 학교와 학생, 학부모, 교사 모두 지금껏 경험해 보지 못한 혼란을 겪었다. 이것은 교실이나 가정에서 온라인 매체를 활용하는 것과 온라인 공간을 학습의 장으로 이용하는 것 사이에 큰 간극이 있음을 보여준다.

온라인 개학으로 인해 비대면 수업이 지속되면서 대두된 문제가 학습 격차다. 수능을 준비하는 수험생의 모의고사 결과에서 상위권은 오히려 성적이 오르고 하위권은 성적이 더 떨어지면서 중위권이 엷어진 것이다. 이런 현상은 비단 수능을 준비하는 학생들만의 문제가 아니라 초중고 전반의 문제라는 것이 더 우려스러운 일이다.

사실 코로나19가 아니라도 대면 수업을 들을 준비가 안 된 학생들도 허다하다. 하물며 매체의 특성상 대면 수업에 비해 훨씬 '적극적인 학습의지'가 있어야 하는 온라인 수업은 오죽하겠는가. 게다가 학습 동기가 충분하지 못한 상태에서 온라인 수업의 장점보다 단점이 극대화된 수업환경으로 갑작스럽게 내던져진 것이다. 학생들이 온라인 수업이라는 바다에서 튜브만 낀 채 둥둥 떠서 헤매는 상황은 결국 '학습 격차'라는 심각한 결과로 이어지고 있다.

온라인 학습을 제대로 알아야 자기주도학습이 보인다

문제는 이런 현상이 코로나19로 인한 일시적인 것이 아니라는 점이다. 앞으로 교육용 콘텐츠는 오프라인용보다 온라인용이 비교할 수 없을 정도로 많아질 것이고 그에 따라 온라인 수업의 형태도 더 다양해질 것이다. 따라서 온라인 학습을 정확히 이해하고 제대로 활용하는 것이 매우 중요해졌다.

이런 가운데 많은 교육 관계자들이 자기주도학습, 특히 온라인 자기주도학습에 주목하고 있다. 이제 온라인 자기주도학습 능력은 있으면 좋은 게 아니라 반드시 갖추어야 할 필수 능력이기 때문이다.

자녀의 온라인 자기주도학습 능력을 키우려면 학부모가 먼저 온라인을 제대로 이해해야 한다. 초등기의 온라인 자기주도학습이 제대로 이루어지기 위해서는 '학생 스스로' 해야 한다는 테두리에서 벗어나야 한다. 자기 스스로 배울 수 있는 능력을 온전히 갖추기까지는 중간 과정 또는 지원자의 역할에 초점을 두어야 하는 것이다. 그 중간 과정에서의 중요한 역할이 바로 앞서 언급했던 조력자(helper), 보조자(assistant), 조언자(mentor), 안내자(guide), 중재자(facilitator)로서의 역할이다.

자녀의 온라인 자기주도학습 능력을 키우기 위해서 또 한 가지 중요한 것은 학교와 선생님의 지도라는 테두리에서 벗어나야 한다는 점이다. 좋은 온라인 학습 콘텐츠와 시스템이 있지만, 온라인 학습 효과를 미심쩍게 바라보고 선생님이 직접 가르쳐야 한다는 편견에서 벗어나야 한다.

진정한 학부모의 역할, 공부 페이스메이커

이 책은 '학부모가 자녀의 학습에서 무엇을 이해하고 어떤 조력자 역할을 해야 하는가'라는 고민에서 출발했다. 지금까지 학부모의 고민이 '어떻게 공부시켜야 하는가', '어떤 학원에 보내야 하는가'였다면, 이제는 시간과 장소의 제약이 없는 온라인이 기본적인 학습공간이라는 현실을 인식하고, 여기서 어떻게 자기주도학습능력을 키워줄 것인가를 고민해야 한다. 조력자나 조언자의 역할은 선생님만 하는 것이 아니다. 시대가 바뀌고 있고 그에 따라 자녀를 함께 있는 시간이 더 많은 학부모의 역할이 더 중요해졌다.

이 책은 팬데믹 상황에서의 온라인 학습법을 논하는 책이 아니다. 이 책은 '온라인 학습의 본질과 특성을 이해하고 효과적인 온라인 학습을 위해 무엇이 필요한지를 안내하는 책'이다. 이를 기반으로 '자녀의 학년별 신체적, 인지적, 정서적, 사회적 특징을 살펴보고 그에 알맞은 온라인 학습법'을 제시한다. 이와 함께 '과목별 특성에 따른 효과적인 온라인 학습법'을 탐색한다. 그리고 '자녀의 온라인 자기주도학습 조력자로서 어떤 역할을 해야 하는지 코칭 포인트'를 정리했다.

평생학습이라는 마라톤에서 앞만 보고 달린다고, 남들보다 더 앞서간다고 행복이라는 금메달을 딸 수 있는 것은 아님을 잘 알고 있을 것이다. 이 책을 통해 초등 학부모들이 자녀를 압박하고 재촉하는 것이 아니라, '공부 페이스메이커'로서 자녀와 함께 배우고 성장하는 '學父母'가 되어 자녀의 행복한 미래를 열어가는 동반자로 거듭나기를 기대해본다.

프롤로그

1부 온라인 교실 자기주도학습 시대에 적응하라

PART 3 아이의 온라인 자기주도학습을 어떻게 도울까

2부 온라인 교실 자기주도학습 HOW TO

PART 4 효과적인 온라인 학습을 위한 HOW TO

PART 5 학년별 온라인 자기주도학습 HOW TO

PART 6 과목별 온라인 자기주도학습 HOW TO

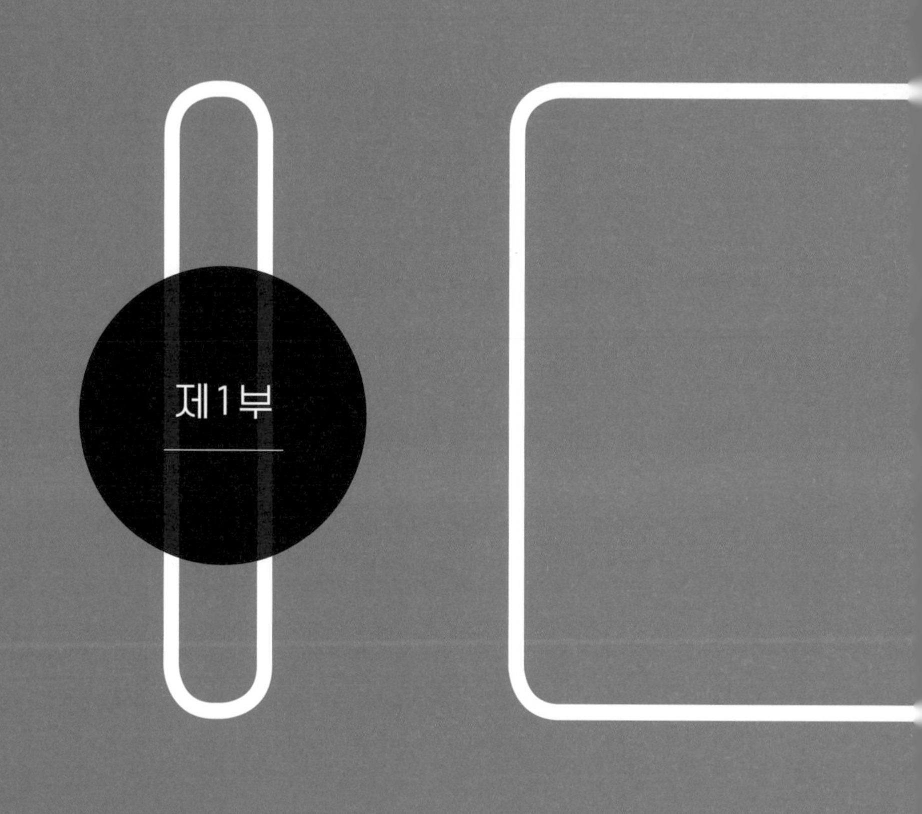

제1부

온라인 교실
자기주도학습
시대에 적응하라

온라인 교육의 흐름을 타라

학부모가 온라인 학습을 바라보는 관점도 달라져야 한다. '저게 무슨 공부가 되겠어?'라는 의구심보다 '어떻게 하면 우리 아이가 온라인 학습을 즐겁게 받아들일 수 있을까?'에 초점을 두어야 한다.

온라인 개학으로 드러난 교육 현실

코로나19가 발생한 지 벌써 1년이 넘었다. 학교에서는 등교 수업과 쌍방향이나 온라인 콘텐츠를 활용한 원격 수업을 병행하고 있다. 등교 수업을 하더라도 마스크를 쓰고 있으므로 같은 반 친구의 얼굴도 제대로 모르는 웃지 못할 상황이 벌어지고 있다. 온라인에서도 얼굴을 보며 공부하는 시간이 길지 않기에 우리 반 친구, 우리 담임선생님이라는 용어가 낯설기만 하다.

상황이 이렇다 보니 학부모, 학생, 교사 모두 나름의 어려움이 쌓여가고 있다. 학부모, 학생, 교사는 모두 각자의 자리에서 어려움을 헤쳐나가고자 고군분투하고 있지만 속시원한 해결책은 요원한 상황이다. 특히 학부모들의 하소연을 듣다보면 가슴이 답답해진다.

학교 다니는 자녀를 둔 학부모라면 한 번쯤은 느꼈을 감정일 것이며, 그래서 공감 가는 부분도 많을 것이다.

제대로 공부하고 있는 것일까? 걱정만 늘어가는 학부모

초등 5, 6학년 자녀를 키우고 있는 직장맘 A씨는 최근 5학년 아이의 e학습터에 들어갔다가 큰 충격을 받았다. 반 평균 수업 참여도가 64%밖에 되지 않았던 것이다. '아니, 10명 중 4명이 아예 수업을 안 듣는다는 말이야?' 깜짝 놀란 A씨는 6학년 아이의 e학습터에도 들어가 보았다. 중학교 입학을 코앞에 두고 있는 6학년 아이들의 수업 참여도가 82%에 그쳤다. '로그인 자체를 안 하는 아이들이 이 정도인데, 우리 아이는 제대로 수업을 받고 있는 것일까?' A씨는 걱정에 휩싸였다.

초등학교 온라인 개학은 사실상 '부모 개학' 푸념

설문조사에 의하면 학부모 10명 중 9명은 온라인 개학에 어려움을 겪고 있다. 가장 큰 어려움은 자녀의 학습·숙제를 챙기는 일이었다. 그 외에 '아이가 집중할 수 있는 환경 마련', '아이를 안정적으로 돌봐주기', '정해진 수업일정에 따라 방송을 보여주고 각종 과제 제출 기한 지키기', '미디어 기기 사용에 대한 규칙을 정하고 사용 제한하기', '학습 관련 도움을 줄 수 있는 교수법이나 지식 부족' 등이 있었다.

청와대 청원 게시판까지 올라온 글

공교육이, 학교가, 선생님이 우리 아이들을 버렸습니다. 저는 그렇게 생각합니다. 1학기 땐 그렇다 칩니다. 갑작스러웠고 준비가 없었다고 합니다. 2학기가 되었는데 똑같은 상황입니다. (중간 생략) 한 시간이라도 아이들과 소통하는 그런 시간이 필요한 것 아닌가요? 아이들에게 유튜브 링크만 주어진다면 그게 무슨 원격 수업입니까? 온종일 EBS 강의라니요? 우리 아이가 EBS 학교에 다니는 건가요?

학부모의 답답한 심경이 수긍이 간다. 하지만 학부모들만 답답한 건 아니다. 학교 현장에서 동분서주하고 있는 교사들 역시 사상 초유의 온라인 개학과 불완전한 시스템으로 곤혹스러워하고 있다. 학교 공부의 모든 책임을 떠맡은 위치라 누구보다 부담스럽다. 다음과 같이 고민을 토로하는 교사들의 처지 또한 안타깝다.

신규 교사의 하소연

초등 고학년 담임을 맡은 신규 교사입니다. 아이들이 과제를 하지 않아서 전화하면 받지를 않고 문자에도 답이 없습니다. 줌 수업에 늦거나 안 들어오는 아이들은 또 어떻게 지도해야 할지 모르겠어요. 이런 학생들의 경우에는 부모님과의 소통도 쉽지 않아 더 힘듭니다.

수업 영상과 피드백 부담을 느끼는 교사

수업 영상 하나 만들고 업로드하는 데 걸리는 시간이 6~7시간, 나름대로 노력해서 만든 콘텐츠이지만 유명 강사의 동영상 강의를 보면 왠지 기가 죽고 학생과 학부모들이 보고 비교할까 봐 마음이 편치 않다. 영상 만드는 것도 일이지만 일일이 피드백을 해주어야 하는데 학생들의 참여도 역시 떨어지는 상황이라 어떻게 해야 할지 걱정이다. 언제쯤 일반 수업으로 돌아갈 수 있을까?

이젠 온라인으로 많은 것이 공개되고 비교되니 많은 교사들이 부담스러울 수밖에 없다. 디지털을 모르면 수업 자체가 불가능한 상황이라 디지털 실력은 교사의 필수 자질로 떠올랐고 이에 부담을 느끼는 교사들도 많을 것이다.

갑작스런 온라인 개학이 혼란스럽고 힘든 것은 학생들도 마찬가지이다. 감시하듯이 옆에 붙어서 잔소리하는 부모가 힘들 수도 있고, 어떻게 해야 할지 모르겠는데 도움 청할 곳이 마땅치 않아 답답할 수도 있다. 온라인 영상 강의에 집중하기도 힘들지만 쌍방향 수업이 힘든 학생도 있다. 다음은 어느 인터넷 게시판에 올라온 한 학생의 글이다.

쌍방향 수업 때문에 힘들어요.

안녕하세요. 저는 초등학생 5학년 여학생입니다. 어느 날 쌍방향으로 미술 작품 소개를 한대요. 저는 처음에 너무 긴장했었어요. 쌍방향으로 발표하는 건 처음이라서요. 제 발표 시간이 다가와서 발표를 했어요. 그 미술 작품이 〈인생 곡선〉인가, 그랬는데 친구들이 제 꿈이 뭐냐고 질문했어요. 전 경찰이라고 했죠. 근데 애들이 '그럼 공부 잘해야 됨ㅋ' 이러는 거예요. 분명 다른 애들이 발표할 땐 '진짜 이룰 듯' 이런 좋은 말 써주고 이모티콘도 보내줬으면서. 물론 제가 그렇게 공부 잘하는 것도 아니에요. 저도 아는데… 그래서 그날 저 엄청 울었어요. '애들이 나 무시하는 건가' 하고요.

코로나19로 벌어진 풍경은 혼란스럽기 짝이 없다. 물론 학부모, 학생, 교사 그 누구의 탓도 아니다. 분명한 것 한 가지는 모든 교육 주체가 자신의 위치에서 코로나19사태가 만들어낸 상황을 제대로 보고 해쳐나가야 한다는 것이다. 이런 가운데 코로나19로 벌어진 상황은 우리를 스스로 돌아보고 자각하게 만들기도 했다.

학교나 학원에 의존하던 학부모는 코로나19 사태를 겪으며 자녀가 공부하는 과정을 실제로 들여다보게 되었다. 숙제 등 아이의 공부에 도움을 주는 일이 쉽지만은 않았지만 아이가 과목별로 어떤 내용을 어떻게 배우는지 알게 되었다. 조금 더 적극적으로 도와주던 학부모들은 자신들이 학창 시절 배웠던 개념과 내용을 지금 아이들은 전혀 다른 방식으로 배우고 있다는 사실에 놀라기도 했을 것이다.

또 선생님들은 가르치는 것뿐만 아니라 학생들과의 소통과 피드백도 중요하다는 것을 알게 되었을 것이다. 아무리 언택트 시대라 할지라도 학습에서 선생님의 역할은 매우 중요하다는 것을 말이다. 또한 온라인 학습 시대를 예견하긴 했지만 시스템에 대한 활용 능력은 미흡했기에 온라인 학습에 대한 교수법 및 평가에 대한 고민도 깊어졌을 것이다.

수동적인 학습에 익숙했던 학생들 역시 공부라는 망망대해에 개별적으로 던져지면서 자신의 공부법과 실력에 대해 되돌아보는 계기가 되었을 것이다. 또한 공부는 누군가가 시켜서 하는 것이 아니라 스스로 해야 한다는 것을, 내 공부를 책임지는 것은 결국 부모님도 학원도 아니라는 것을 깨달았을 것이다. 공부를 게을리 했을 때 드러나는 학습격차를 직접 피부로 느끼기 때문에 평소의 자기주도 학습 습관이 얼마나 중요한지도 실감했을 것이며, 이는 고학년일수록 더욱 깊이 자각했으리라고 본다.

온라인 개학으로 인해 우리 교육의 민낯이 드러났지만, 학부모는 자녀 학습 성향을 제대로 파악할 수 있는 기회로, 학생은 자기주도 학습 능력을 키울 수 있는 좋은 기회로 삼아야 한다.

미래형 인재와 온라인 교육

KT경제연구소의 보고서 〈인공지능, 완성이 되다〉는 2030년에 국내 인공지능 시장 규모가 27조 5000억 원에 달할 거라고 예측했다. 경비, 보안 분야부터 헬스 케어, 통번역, 교육, 간호 등에 이르기까지 인공지능은 다양한 분야로 확산할 것이라고 한다. 영화 속에서 보던 장면이 생각보다 일찍 우리 곁에서 진행되고 있다.

기계처럼 지치지 않고 근면 성실하게, 기계만큼 신속하고 정확하게 감정에 치우치지도 않고 일을 잘하는 사람이 있을까? 결국 육체적, 물리적으로 보면 인간은 결코 인공지능을 이길 수 없다. 이제 우리 아이들은 급기야 기계하고도 경쟁하게 생겼다. 지금까지는 다른 친구들보다 더 높은 점수를 받기 위해 발버둥을 쳤는데 이제는 기계보다 못한 존재가 될까봐 걱정하는 시대가 된 것이다. 하지만 우리 아이들이 해야 할 공부는 기계와 경쟁하는 공부가 아니라 인공지능을 활용하는 공부다.

앞으로 우리 아이들은 인공지능보다 앞선 고차원적인 역량을 갖춰야 한다. 과거에 필요했던 인재가 '지식 노동자'였다면 앞으로는 '인사이트 노동자(insight woker)'가 필요하다. 즉, 미래형 인재가 되기 위해서는 인공지능이 가질 수 없는 통찰력을 가져야 한다. 이미 습득한 지식으로 주어진 일을 하거나 문제를 해결하는 수준이 지식 노동자라면, 해결해야 할 문제를 발견하여 그 문제를 해결할 창의적인 해법과 과정을 설계하는 수준이 인사이트 노동자다. 기존 지식으로 해결하는 것은 축적된 지식과 데이터가 입력된 인공지능이 훨씬 뛰어나기 때문이다.

미래형 인재 핵심역량 6C

로베르타 골린코프와 캐시 허시-파섹 교수는 20여 년 동안 공동 작업을 수행하여 얻은 결과로 《4차 산업혁명 시대 미래형 인재를 만드는 최고의 교육(이하 《최고의 교육》)》에서 미래가 원하는 아이들의 역량을 6C 역량으로 명명했다. 6C 역량은 협력, 의사소통, 콘텐츠, 비판적 사고, 창의적 혁신, 자신감을 말한다.

이 핵심역량 6C는 교사나 부모보다는 학습자에 초점을 맞추고 있다. 그들이 제시하는 모델은 '무엇을 배울 수 있는가'만을 강조하는 것이 아니라 아이들이 '배우는 방법'에 중점을 둔다. 이 역량들은 수많은 상황과 맥락에 적용할 수 있으며 6C 각각의 요소들이 각기 따로 분리된 게 아니라 통합적으로 작용해 성공의 기회를 높여준다. 다음은 《최고의 교육》에서 말하는 6C 역량과 각각의 발달 단계이다.

6C 역량과 각각의 발달 단계

역량 단계	협력 (collaboration)	의사소통 (communication)	콘텐츠 (content)	비판적 사고 (critical thinking)	창의적인 혁신 (creative innovation)	자신감 (confidence)
4	함께 만들기	공동의 이야기하기	전문성	증거 찾기	비전 품기	실패할 용기
3	주고받기	대화하기	연관 짓기	견해 갖기	자신만의 목소리 내기	계산된 위험 감수하기
2	나란히	보여주고 말하기	폭넓고 얕은 이해	사실을 비교하기	수단과 목표 갖기	자리 확립하기
1	혼자서	감정 그대로	조기학습과 특정 상황	보는 대로 믿는	실험하기	시행착오 겪기

로베르타 골린코프와 캐시 허시-파섹 교수가 언급한 핵심역량들에서 의사소통, 콘텐츠, 비판적 사고 능력은 온라인 학습에서 매우 중요한 부분이다. 이 세 가지는 협력을 통해 자신감을 가지고 창의

적인 혁신을 할 수 있는 밑바탕이 되기 때문이다. 현재 시중에서 제공하는 온라인 학습 콘텐츠들이 다양하긴 하지만, 이들 온라인 학습 콘텐츠를 통해 역량을 키우는 일은 학생들의 학습 태도와 과정, 학부모의 관리에 따라 달라진다.

콘텐츠 분야에서 핵심역량을 키우기 위해서는 학습 콘텐츠를 보고 폭넓고 얕은 이해를 하는 단계에서 콘텐츠 간 연관성을 찾는 단계로 나아가야 한다. 궁극적인 목표는 콘텐츠의 연관성을 파악하고 조합하는 것을 넘어 전문성을 갖는 것이다. 이러한 전문성을 토대로 온라인에서 공동의 주제에 대해 폭넓게 소통할 수 있어야 한다. 이를 위해서는 콘텐츠를 무비판적으로 받아들이는 것이 아니라 사실을 비교하고, 관련 근거를 찾고, 자신의 견해를 확립하는 능력을 키워야 한다.

이것이 미래형 인재에게 필요한 핵심역량을 키우는 온라인 학습 방향이라고 할 수 있으며, 학부모가 온라인 학습의 성격에 대해 정확히 파악해야 하는 이유이기도 하다.

핵심역량과 온라인 학습의 방향

Z세대라 불리는 요즘 아이들은 시간과 장소를 가리지 않고 스마트기기를 이용해 필요한 것을 검색하거나 문제를 해결한다. 말하자

면 자신이 모르는 것이 있을 때 더 이상 교사나 책을 통해서 배우지 않아도 된다. 이런 시대에 아이들에게 과거의 방식으로 학습하게 하는 것은 그들의 미래 경쟁력을 떨어뜨리는 일이다.

이제 학교 수업을 통해서 자신의 관심사를 배우는 방식은 한계가 있다. '같은 시간'에 '같은 내용'을 '같은 방식'으로 가르칠 게 아니라, 시간과 공간의 제약을 뛰어넘어 개별 학생들의 다양한 흥미와 필요를 고려한 학습 환경을 마련해 줘야 한다.

온라인 학습은 Z세대 아이들에게 최적화된 학습을 제공할 수 있는 도구이다. 하지만 이 도구를 어떻게 활용하느냐에 따라 핵심역량을 키울 수도 있고 그렇지 않을 수도 있다. 단순한 정보나 지식을 검색하는 도구로 활용한다면 인공지능을 뛰어넘는 역량을 키울 수 없다. 검색을 넘어 사색을 통한 문제해결력, 창의적인 사고력을 키우는 것이 중요하다.

지금까지 온라인 학습이 기존 학습의 보조 도구였다면, 이제부터는 주어진 문제를 해결하고 새로운 지식으로 융합할 수 있는 핵심 도구로 활용해야 한다.

학부모가 온라인 학습을 바라보는 관점도 달라져야 한다. '저게 무슨 공부가 되겠어?'라는 의구심보다는 '어떻게 하면 우리 아이가 온라인 학습을 즐겁게 받아들일 수 있을까?'에 초점을 두어야 한다. 대부분의 학부모들은 아이가 스마트 기기를 들고 다니며 열심히 동영상을 보고 듣는 것에서 만족하는 경우가 많다. 하지만 이제 한걸음 더 나아가 자녀가 온라인 학습을 통해 배운 내용을 함께 이야기 할 수 있어야 한다. 온라인 학습을 통해 단순한 지식이나 정보를 축적하는 것에 그쳐서는 안 되고 삶의 지혜와 통찰력 등의 핵심 역량을 키울 수 있어야 한다.

언택트 시대, 배움 플랫폼 '온라인 학교'

세계적인 역사학자이자 《사피엔스》의 저자인 유발 하라리는 최근 한 인터뷰에서 코로나19 이후의 세계에 대해 예측한 바 있다. 그는 가장 큰 변화로 '온라인 강의의 일상화'를 꼽았다. 유발 하라리의 말대로, 이제 온라인 학습, 원격 수업은 포스트 코로나 시대의 '새로운 표준(New Normal)'이 되어가고 있다.

온라인 학교를 들여다 보다

"학교종이 땡땡땡 어서 모이자. 선생님이 우리를 기다리신다." 초등학교에 입학하면 가장 먼저 부르던 낯익은 동요다. 이 짧은 노랫말에는 아날로그 시대의 학교 운영 방식이 함축적으로 담겨 있다. 모든 학생들이 정해진 시간에(학교종이 땡땡땡), 정해진 장소에 집합해(어서 모이자), 교육 기관에서 지정해 준 교사에게(선생님이 우리를 기다리신다) 수업을 받는다는 것이다.

그러던 학교에서는 이미 많은 변화가 일어나고 있다. 우선 집합장소로서의 의미가 크게 퇴색되었다. 디지털혁명으로 인해 교실이라는 물리적인 공간의 제약을 뛰어넘는 학습 공간이 열리고 있고, 선생님도 교실에서 학생을 기다리지 않는 언택트 시대가 된 것이다.

언택트 시대의 배움 플랫폼 모델로 유명해진 몇 개의 온라인 학습 시스템이 있다. 대표적으로 칸 아카데미, 미네르바 스쿨, 무크를 들 수 있다. 이들은 오래 전부터 온라인을 기반으로 학교를 운영하고 있는데, 팬데믹 이후 더 집중적인 조명을 받고 있다. 이들 학교의 학습 형태와 운영 방식을 살펴보면서 현재 우리 자녀에게 무엇을 준비시켜야 하는지를 생각해보자.

살만 칸(Salman Khan)의 혁신적 실험 '칸 아카데미'

칸 아카데미(Khan Academy)는 2006년 살만 칸이 만든 비영리 교육 서비스이다. 초·중·고 수준의 수학, 화학, 물리학부터 컴퓨터공학, 금융, 역사, 예술 등까지 4000여 개의 동영상 강의를 제공하고 있으며, 미국 내 2만여 학급에서 교육 자료로 쓰이고 있다.

처음에 그는 멀리 떨어져 사는 조카의 수학 공부를 돕기 위해 인터넷 화상 전화인 스카이프로 원격 수업을 시작했다. 살만 칸은 처음엔 유튜브에 자료를 올릴 생각이 없었다고 한다. 친구의 권유로 우연히 유튜브에 자료를 올렸는데 사촌들 반응이 생각보다 좋았다. 심지어 살만 칸의 사촌 동생은 직접 강의하는 것보다 유튜브에 올린 강의를 더 선호했다. 반복해서 볼 수 있고, 필요한 부분을 골라 볼 수 있고, 원하는 시간에 볼 수 있었기 때문이다. 시간이 지나자 사촌 동생을 위해 올렸던 유튜브 영상은 점점 더 많은 사람들이 시청하게 되었다.

칸은 개별적인 학업 수준은 고려하지 않은 채 연령이 비슷한 학생들을 교실에 모아 놓고 정해진 시간 동안 가르치는 교육은 18세기에 만들어진 낡은 유물이라고 비판했다. 온라인 환경에서는 학생들이 일방적, 획일적으로 정해진 '수업 시간'에 종속될 필요가 없는데 말이다. 각자의 수준에 맞게 스스로가 능동적으로 '수업 속도'를 조절해 가면서 학습하면 된다. 수업 내용을 잘 소화하지 못하는 학생은 이해력이 부족해서가 아니라 단지 이해하는 데 더 많은 시간이 필요할 뿐이라는 것이 그의 교육철학이다.

칸 아카데미는 기존의 학습 플랫폼과 달리 학습 이해도와 학습 결과에 따라서 수준에 맞는 학습 자료를 제공하는 LMS 시스템을 갖추고 있다. 쉽게 말하면 내가 무엇을 잘하고 무엇을 힘들어하는지를 분석해서 더 쉬운 문제나 어려운 문제를 자동으로 제공하는 시스템이다. 이런 특성 때문에 학습자는 자신의 수준을 쉽게 파악할 수 있고, 진도를 조절할 수 있다.

칸 아카데미에서 수준별 맞춤학습을 강조하는 것은 수준에 맞는 학습 콘텐츠가 제공될 때 학생의 역량을 최대치로 끌어낼 수 있기 때문이다. 전세계 수많은 학생들이 칸 아카데미를 자발적으로 찾는다. 자신의 수준에 맞는 강의를 듣고 그 단계에 맞는 문제를 풀면서 실력이 쌓이고 자신감이 생기기 때문이다.

현 교육 현장의 가장 큰 문제점 중 하나는 공부를 잘하는 아이나 못하는 아이나 같은 내용을 듣고 같은 문제로 평가를 받는다는 것이다. 따라서 온라인 학습을 효과적으로 활용하기 위해서는 학습자의 수준에 맞는 온라인 콘텐츠를 선택하는 것이 중요하다. 단계별 학습이 촘촘하게 짜여 있는지, 학습자의 학습 속도에 맞춰 주는 시스템인지 등을 고려해야 한다.

세계적인 명문대학으로 발돋움하는 온라인 대학 '미네르바 스쿨'

미국 하버드대학보다 들어가기 힘들다는 대학, 미네르바 스쿨이 주목받고 있다. 캘리포니아주 샌프란시스코에 본부를 두고 운영하는 프로그램인 미네르바 스쿨은 기존의 대학들과 여러 면에서 다르다.

우선 캠퍼스나 강의실이 따로 없기 때문에 온라인(사이버) 대학이라고 말할 수 있다. 입학정원이나 제한은 없지만 미네르바 스쿨의 합격률은 1%대 수준으로 하버드대학보다 경쟁률이 높다. 학생들은 기숙사에서 함께 생활하며, 배운 것을 실생활에서 활용하고 적용하는 등 현장 학습을 한다. 이를테면 온라인 플랫폼에 오프라인 대학의 특성을 결합한 새로운 패러다임의 대학인 셈이다.

미네르바 스쿨의 교과 과정은 다른 대학에 비해 비교적 단순한 편이다. 학생들이 어느 도시에 있든 모든 수업은 온라인 세미나 형식으로 진행되기 때문에 교수와 학생이 직접 만날 일은 없다. 강의는 자체 개발한 플랫폼인 '포럼'을 통해 진행되며, 스무 명 이하의 학생들이 그룹을 지어 참여한다. 교수와 학생들은 실시간 토론을 비롯해 자료조사, 퀴즈 등을 통해 서로의 의견을 교환한다. 기본적인 학습 모델은 모든 학생이 교육에 참여하는 '완전 능동학습' 방식으로 운영되며, 모든 수업은 간단한 퀴즈로 시작해서 수업 후반부에 두 번째 퀴즈를 던지는 식으로 끝난다.

수업 중 발언을 많이 한 학생과 적게 한 학생을 자동으로 구분해주는 기능도 있다. 교수는 추가 질문을 던지는 등의 방식으로 학생들의 적극적인 참여를 유도한다. 교수와 학생들이 서로를 지켜보고 있기 때문에 수업 시간에 한눈을 팔지 못한다.

미네르바 스쿨이 주목을 받게 되면서 우리나라에도 '미네르바 스쿨' 고교 과정인 '미네르바 바칼로레아' 프로그램을 도입한 대안학교가 문을 열 예정이다. 수업은 주로 미네르바의 온라인 교육플랫폼인 '포럼'에서 하루 2~3시간 원격으로 진행된다. 주요 과목은 과학, 사회, 수학, 언어학, 인지학습과 사회발전 등이며 학생들은 모든 과목을 통합적으로 배운다. 일방적인 강의는 하지 않으며 토론과 글쓰기가 중심이라고 한다.

미네르바 스쿨 프로그램을 우리나라에 도입한다는 것은 큰 의미가 있다. 학부모가 눈여겨보아야 할 것은 바로 학생들이 수업에 참여하는 '완전 능동학습' 모델이다. 온라인 학습이 효과적으로 이루어지기 위해서는 오프라인에서보다 훨씬 능동적인 참여가 중요하다. 그러므로 온라인 학습 콘텐츠를 제공할 때는 그 시스템이 학습자의 적극적인 참여를 유도하는지를 확인해봐야 한다. 또한 적극적이고 능동적인 참여가 이루어지도록 하기 위해 학부모가 할 일은 무엇인지에 대한 고민도 필요하다.

언제 어디서나 들을 수 있는 온라인 공개강좌 '무크(MOOC)'

최근 온라인 공개강좌, 무크가 전 세계적으로 빠르게 확산되고 있다. MOOC는 '온라인 공개 수업(Massive Open Online Course)'의 약자로 대학과 전문 교육기관의 강의를 온라인에 무료로 공개해 전 세계인 누구나 집에서 교육을 받을 수 있는 시스템이다. MOOC는 2012년부터 본격적인 관심을 받았으며, 최근엔 MOOC 플랫폼 수도 점점 늘어나면서 그 영향력이 확장되고 있다.

하지만 MOOC가 성장하면서 한계점도 함께 드러났다. 가장 많이 지적되는 것이 '낮은 수료율'이었다. MOOC는 강제성이 없고, 교사와 학생 혹은 학생 간의 교류가 적어 많은 수강생이 강의를 듣다가 중도 포기한 것이다. 그래서 최근에는 진짜 대학처럼 숙제도 제출하고, 조교에게 화상 상담도 받고, 온라인으로 학생들과 토론하며 교류하는 기능을 제공하고 있다. MOOC의 한계점을 보완하고 있는 노력이라고 할 수 있다.

MOOC의 한계점은 학부모들이 고민하는 지점이기도 하다. 낮은 수료율 때문에 학부모들이 온라인 콘텐츠의 활용을 꺼리는 것이다. 온라인 콘텐츠를 제공하는 업체에서 나름의 방식으로 관리한다고는 하지만 강제성이 약하고 관리 교사와의 소통도 부족하기 때문이다. 가정에서 온라인 학습이 제대로 이루어지기 위해서 관리와 피드백이 매우 중요한 이유다.

우리나라에서도 2015년 10월부터 한국형 온라인 공개강좌 K-MOOC를 시작했다. 교육부가 지난 2015년 개설한 이후 현재 745개 강좌를 제공하고 있다. 최근 교육부에서는 앞으로 2021년과 2024년에 각각 3단계, 4단계 사업을 통해 고도화된 서비스로 발전시켜 나갈 전망이라고 밝혔다. 이와 맞물려 시행되는 것이 2025년부터 시행되는 고교학점제이다.

고교학점제는 대학생처럼 자신이 필요한 과목을 선택하여 이수하는 제도이다. 이 제도를 이용하는 학생들은 재수강이나 보충수업이 필요한 경우, 방과 후나 방학 중에 수업을 들을 수도 있을 것이다. 현재 모든 학년의 초등학생은 고교학점제 적용 대상이다. 지금은 멀게만 느껴지는 K-MOOC가 사실은 우리 자녀들에게 필수 온라인 학습과정이 될 수 있다는 말이다. 그러므로 초등 자녀를 둔 학부모들은 고교 K-MOOC무크의 강좌와 서비스에 대해 관심을 가지고 들여다볼 필요가 있다. 또한 온라인 자기주도학습 능력은 학년이 올라갈수록 더 중요해지는 능력이라는 것을 명심해야 한다.

온라인 시대에 왜 자기주도 학습인가

온라인 자기주도학습 능력은 단순히 디지털 기기를 활용해서 학습할 수 있는 능력을 말하는 것이 아니다. 다양한 온라인 학습 환경에서 문제를 스스로 해결하는 능력을 말한다. 이런 능력을 키우기 위해서는 본격적으로 온라인 학습 환경에 진입하는 초등기부터 학부모의 지속적인 관심이 중요하다.

자기주도학습의 마중물 온라인 학습

대면수업(등교 수업)과 비대면수업(온라인 수업)이 병행되는 요즘 학생들은 불규칙한 수업으로 혼란스러울 뿐만 아니라 마음을 집중해서 공부하기가 쉽지 않다. 하지만 환경이 바뀌었을 뿐 학습하는 상황은 달라진 것이 없다. 학교에 있든 자기 방 컴퓨터 앞에 있든 학습을 지속하고 배움을 확장하는 능력이 중요하다는 사실 역시 변함이 없다.

사실 자기주도학습의 중요성이 어제오늘 대두된 것은 아니다. 예전부터 늘 강조되는 바람직한 학습 태도지만 많은 학생이 여전히 의존적인 공부에서 벗어나지 못하고 있다. 하지만 비대면 원격 수업이 보편화되자 자기주도학습 능력이 없으면 학습 격차와 학습 결손이라는 결과를 감수해야 하는 상황이 되었다.

자기주도학습, 메타인지 학습, 획기적인 암기법 등 훌륭한 공부 비법들이 책이나 유튜브 채널을 통해 많이 알려져 있다. 그중에서 지금 우리 자녀에게 더 필요한 것은 우리 자녀의 눈높이에 맞는 온라인 자기주도학습이다.

자기주도학습에 대한 오해

학부모 교육을 하다 보면 자기주도학습에 대해 오해하는 분들을 자주 접하게 된다. "자기주도학습이 뭘까요?"라고 물었을 때 가장 자주 듣는 답은 "자기가 알아서 하는 거죠. 엄마가 잔소리하지 않아도."이다. 이것은 부모가 자녀에게 원하는 자기주도학습이다. 아직도 자기주도학습이 아이가 알아서 공부하는 것이라고 생각한다면 자기주도학습을 제대로 이해하지 못한 것이다.

자기주도학습은 '학습자 스스로가 학습의 참여 여부에서부터 목표 설정 및 교육 프로그램의 선정과 교육평가에 이르기까지 교육의 전 과정을 자발적 의사에 따라 선택하고 결정하여 행하게 되는 학습 형태'이다. 원래 자기주도학습은 학교 외 교육에서 성인 학습자를 대상으로 하는 교육 원리이다. 따라서 처음부터 초등기 자녀에게 자기주도학습 능력을 습득하게 하는 것은 결코 쉽지 않다. 학부모의 역할이 중요한 이유가 여기에 있다. 학부모가 어떤 조력자의 역할을 하느냐에 따라 자기주도학습 능력에 격차가 생기기 때문이다.

자기주도학습은 자기주도와 학습으로 나누어 볼 수 있다. '자기'가 뜻하는 바는 자신의 학습 능력을 파악하여 그 수준에 맞는 뚜렷한 목표를 가진다는 것이며, '주도'는 학습 목표에 따라 구체적인 계획을 세우고 계획된 학습을 꾸준히 실천하는 것을 말한다. 다시 말하면 '자기주도'는 자기 사신에 대한 모니터링을 통해 학습을 컨트롤하는 것이 핵심이다. 이런 점에서 볼 때 자신의 학습 능력을 파악해서 학습 목표를 세우고 계획에 따라 꾸준하게 실천하는 '자기주도'를 초등학생에게 기대하는 것은 무리다.

학생의 학습 능력은 학(學)과 습(習)의 균형을 얼마나 잘 이루느냐에 달려있다. 그리고 수준에 맞는 수업은 학습 의욕에 큰 영향을 미친다. 자기 수준보다 쉬운 내용을 배우는 학생은 공부가 시시하여 성취동기가 약해지는 반면, 자기 수준보다 어려운 내용을 배우는 학생은 배우려는 시도를 포기하게 되어 학습 자존감이 떨어지게 된다. 요즘 학생 수가 줄었다고는 하나 각자의 수준에 맞는 수업을 제공해주는 것은 인적, 물리적 여건상 여전히 어려움이 있다. 하지만 온라인 학습에서는 학습자의 수준과 상황을 고려한 개인 맞춤 학습이 가능하여, 이는 온라인 학습의 가장 큰 장점이기도 하다.

우리나라는 대부분의 수업이 배움 중심으로 되어 있다. 학교에서도 학원에서도 학생들은 진도를 따라가기에 급급하다 보니 자기 것으로 만드는 습(習) 시간이 부족하다. 배운 내용을 충분하게 자기 것으로 익히는 공부가 부족하다 보니 당연히 학습에 누수가 생긴다. 이런 누수가 반복되면 학년이 올라갈수록 실력은 쌓이지 않고, 설상가상으로 학습 내용은 더 어려워져 초등기부터 공부를 포기하는 악순환이 생기는 것이다.

습(習)의 시간은 메타인지 능력을 향상시키는 데도 굉장히 중요하다. 학생 자신이 무엇을 알고 무엇을 모르는지 확인하기 위해서는 배운 개념을 확인하고 모르는 부분은 스스로 해결할 수 있는 시간을 가져야 한다. 습(習)의 시간이 충분히 갖지 않은 채 배움만 채워가면 학생은 다 안다고 착각하는 현상이 벌어진다.

앞으로 원격 수업의 형태가 아니더라도 온라인 학습의 활용은 더 다양해질 것으로 보인다. 학교에서는 디지털교과서 활용과 여러 온라인 학습 플랫폼을 통해 학생들의 흥미를 이끌어내는 방법을 고민할 것이다. 수업 형태 역시 기존의 교사 중심의 주입식 수업이 아니라, 학생 중심의 수업으로 전환하면서 집에서 먼저 영상을 통해 개념을 학습하고 학교에서는 발표와 토론을 하는 거꾸로 학습 형태가 많아질 것이다.

학교에서 배운 내용이 부족하다면 시중에 나와 있는 온라인 학습 콘텐츠를 활용하는 일도 많아질 것이다. 학교 수업에서 온라인 학습 콘텐츠와 플랫폼을 많이 활용하기 때문에 자연스럽게 나타날 현상이다. 이에 따라 학부모가 온라인과 오프라인 수업의 장단점을 정확히 이해한 다음 자녀의 현재 학습법을 구체적으로 살펴볼 필요가 있다.

선생님이 지도하는 오프라인 수업에서도 학습 습관이 잡히지 않은 학생은 온라인 학습이 더 어려울 수 있다. 온라인 학습은 자기주도학습을 위한 마중물이라고 할 수 있다. 온라인 학습의 장단점을 파악하면 우리 자녀들의 부족한 점을 채워 공부라는 펌프를 활발하게 작동시킬 수 있기 때문이다.

온·오프라인 시너지 학습 '블렌디드 러닝(Blended Learning)'

작년 교육부 장관은 코로나가 종식되더라도 미래 교육 차원에서 초중고 수업에 원격수업과 대면수업을 병행하는 블렌디드 러닝을 골자로 한 '2020학년도 2학기 학사 운영 세부 지원 방안'을 발표했다. 그런데 블렌디드 수업의 의미와 수업 진행 방식에 대해 모르고 있는 학부모들이 있다. 얼마 전 어느 맘카페에 올라온 학부모의 질문이 있었다. 학교 공지문에 블렌디드 수업 운영이라는 말이 있는데 그것이 무엇이냐는 질문이었다.

[2020학년도 2학기 학사운영 세부 지원방안]

구분	세부 모형 예시
1.원격수업 간 블렌디드 수업	1-1. 콘텐츠 활용 수업(예습) + 실시간 쌍방향 원격수업*
	1-2. 실시간 쌍방향 원격수업 + 과제수행형 원격수업
	1-3. 콘텐츠 활용 수업+과제수행형 원격수업+쌍방향 원격수업
2.원격수업+등교수업 간 블렌디드 수업	2-1. 원격수업(예습학습) + 등교수업(피드백, 프로젝트학습 등)
	2-2. 등교수업(핵심개념학습) + 원격수업(확인과제학습·피드백)

* 실시간 쌍방향 원격수업: 실시간 온라인 대면 또는 비대면(관계소통망 대화방 등)으로 교사-학생 간 교수·학습활동 및 피드백이 이루어지는 수업

블렌디드 러닝이란 혼합형 학습으로 두 가지 이상의 학습법을 결합한 학습을 말한다. 대면 수업(등교 수업)과 온라인 수업을 결합하는 것이다.

'블렌디드 러닝'은 다소 오래 전부터 논의되다가 몇 년 전부터 이를 도입하기 시작하면서 관심을 받고 있다. 플립 러닝(Flipped Learning, 거꾸로 교실)과의 차이를 말하자면, 플립 러닝이 온라인으로 개념학습을 하고 그 내용을 중심으로 오프라인에서 활동하는 거라면, 블렌디드 러닝은 그보다 더 광범위한 개념으로 온라인 학습과 오프라인 학습을 병행하여 사용하는 모든 수업을 통칭한다고 보면

된다.

2010년 미국 교육부에서 실시한 블렌디드 러닝의 메타 분석에 따르면 100% 면대면 혹은 온라인 강의보다 더 효과적인 것으로 나타났다. 이것은 오프라인 수업이 지니고 있는 시간적, 공간적 제약을 온라인 수업이 보완할 수 있기 때문이다. 반대로 온라인 학습의 문제점으로 지적되는 인간적 피드백 부족, 혼자 하는 학습에 대한 두려움, 이로 인한 동기 유발 저하 등은 오프라인 수업에서 해소할 수 있다. 이처럼 블렌디드 러닝은 온·오프 학습의 시너지 효과를 낼 수 있는 새로운 대안으로 떠오르고 있다.

따라서 학부모는 자녀의 학교 수업에서 이루어지는 블렌디드 러닝에 대해 관심 있게 살펴보아야 한다. 온라인 학습에서 부족한 부분이 오프라인 수업에서 채워지고, 반대로 오프라인 수업에서 부족한 부분이 온라인 수업에서 보충될 때 블렌디드 학습이 그 효과를 발휘하기 때문이다.

온라인 자기주도학습과 디지털 리터러시 역량

앞에서 점점 확대되고 있는 온라인 학습 플랫폼, 원격 수업의 몇 가지 형태, 그리고 신경써야 할 점들을 안내했다. 그런데 여기서 명심해야 할 점이 있다. 아무리 온라인 학습의 콘텐츠와 학습 환경, 시스템이 좋아도 그것을 제대로 활용할 능력이 없으면 그저 학습 정보를 얻는 도구에 지나지 않는다는 것이다.

온라인 학습과 디지털 리터러시 역량

온라인 학습 콘텐츠가 자기주도학습의 마중물이 되기 위해서는 디지털 리터러시(digital literacy) 역량이 중요하다. 디지털 리터러시란 '디지털 정보를 읽고 이해하며 쓸 줄 아는 능력'이다. 좀 더 구체적으로 말하면 단순히 디지털 미디어를 기술적으로 활용할 수 있는 능력을 넘어 필요한 정보를 찾고 이해하고 활용하는 능력, 디지털 콘텐츠를 생산하고 공유하는 능력, 디지털 공간에서 다른 이용자와 소통할 수 있는 능력 등을 포괄하는 개념이다.

유네스코는 디지털 리터러시 구현 능력이 없으면 문맹과 다를 바 없다고 선언하였으며, 2016년 스위스 다보스포럼(WEF)에서 발표된 〈직업의 미래〉 보고서에서는 '디지털 리터러시'를 미래의 인재에게 반드시 필요한 역량이라고 강조했다.

유치원생이 글을 깨쳤다고 해서 신문기사나 보험 계약서를 이해할 수 있는 건 아니듯, 우리가 스마트폰과 소셜 네트워크를 사용하고 있다고 해서 그것이 디지털 리터러시 능력을 갖췄다는 증거는 아니다. 그런데 요즘 아이들은 스마트 기기 사용에 능숙하기 때문에 자신의 디지털 역량이 충분하다고 생각한다. 또한 인터넷에 들어가 필요한 정보를 찾을 수 있는 것이 디지털 리터러시 역량이라고 오해하기도 한다.

가짜 뉴스와 잘못된 정보에 무비판적으로 받아들이는 아이들은 너무나 많은 반면, 검색한 정보를 활용하여 새로운 지식을 생산하고 창출하는 능력을 갖춘 아이들은 극히 드물다. 디지털 세상에서 디지털 시민으로 원활한 소통을 하면서 살아가려면 충분한 교육이 필요하다.

디지털 리터러시 역량을 키우기 위해서는 아이들이 주어진 정보를 무조건 받아들이는 것이 아니라 자신의 생각과 의견을 가지고 다양한 시각에서 바라보고 받아들일 수 있도록 부모나 교사의 개방적인 태도가 필요하다. 그전에 부모로서 자신은 주어진 정보를 무분별하게 받아들이는 습관이 없는지 돌이켜보는 것도 좋을 것이다.

디지털 리터러시 역량과 자기주도학습

몇 해 전, 잭 안드라카라는 소년이 16세의 어린 나이에 췌장암 진단 키트를 만들어 화제가 된 적이 있다. 이 소년은 13세 때 가족처럼 지내던 아저씨가 췌장암으로 세상을 떠나게 되자 췌장암에 대해 관심을 갖게 되었다. 인터넷으로 조사를 하던 중 췌장암은 85% 이상이 말기에 발견되고, 생존확률은 2%밖에 되지 않음을 알게 된다. 조기에 발견하지 못한 데 안타까움을 느낀 잭 안드라카는 현대의학이 이렇게 발전했는데 췌장암은 왜 조기에 발견하지 못하는지에 대해 의문을 품게 된다. 여러 조사를 통해 그는 췌장암 진단 키트가 80만 원 정도로 비싸고, 췌장암의 30% 정도 밖에 감지하지 못하며, 결과를 도출하는 데 걸리는 시간도 14시간이나 된다는 사실을 알게 된다.

잭 안드라카는 이런 부분을 획기적으로 개선할 진단키드를 만들기로 결심한다. 그는 인터넷을 통해 꾸준히 질문을 던지며 답을 찾아 나갔으며, 특정 단백질을 찾기 위해 4,000번이 넘는 시도를 했다. 16세의 어린 나이임에도 그는 포기하지 않았다. 그리하여 마침내 비용은 80만 원에서 30원으로, 진단 시간은 14시간에서 단 5분으로, 정확도는 30%에서 90%로 끌어올리는 혁신적인 진단키트를 발명하게 된다.

이런 놀라운 성과를 만들어 낸 그는 한 인터뷰에서 이렇게 말했다.

"이 나이에 이걸 어떻게 했냐구요? 그동안 제가 배운 최고의 교훈은 모두 인터넷에 있었습니다. 개발에 필요한 논문들은 인터넷에서 쉽게 구할 수 있었어요. 또 대부분의 아이디어 역시 인터넷에서 얻었어요. 인터넷을 심심풀이로 이용하지만 말고 세상을 바꿀 수 있는 도구라고 생각해 보세요. 인터넷에 정보는 얼마든지 있어요. 뭔가를 만들어내겠다는 생각만 있으면 할 수 있는 일이 얼마든지 있다고 생각합니다."

위의 말처럼 잭 안드라카의 발명 과정은 대부분이 인터넷을 통해서 이루어졌다. 인터넷에서 논문을 찾고, 이메일로 전문가에게 도움을 요청하고, 온라인 커뮤니티에 들어가 새로운 정보를 찾아내는 등 디지털 기술을 활용하는 역량에서 그런 성과가 나온 것이다.

또한 잭 안드라카의 학습과정을 살펴보면 원하는 목표를 세운 다음, 자신에게 부족한 부분을 온라인에서 찾은 다양한 콘텐츠를 활용하여 하나하나 채워나갔음을 알 수 있다. 4000번의 실패를 실패로 여기지 않고 계속 도전할 수 있었던 것은 디지털 리터러시 역량과 함께 자기주도학습 능력이 있었기에 가능했다. 이렇듯 디지털 리터러시 역량은 온라인 학습 환경에서 자기주도학습력의 필수적인 도구이며, 이 역량이야말로 인공지능을 넘어서는 경쟁력의 밑바탕이라 할 수 있다.

효과적인 온라인 학습을 위한 '메타인지'

앞서 자기주도학습의 중요한 요소로 메타인지 능력에 대해 언급한 바 있다. 메타인지(Metacognition)란 '인지 과정에 대해 인지하는 능력'을 뜻한다. 쉽게 말해 생각에 대한 생각, 자신 아는 것과 모르는 것을 구분하는 능력, 자신의 학습 방법을 스스로 모니터링하는 능력, 자신을 객관적으로 볼 수 있는 능력이다.

모든 학습은 메타인지로 시작된다

대부분의 공부 문제는 학습의 불균형에서 생긴다. 공부가 제대로 되려면 '학(學, 배움)'과 '습(習, 익힘)'이 조화와 균형을 이루어야 한다. 우선 자신이 무엇을 알고 무엇을 모르는지를 아는 것은 학습의 첫 걸음이라고 할 수 있다. 자기주도학습이 시작된 지 60년이 넘었지만 그것이 아직도 어려운 것은 예전과 다름없이 대부분의 온라인과 오프라인 교육 콘텐츠가 '학(學)'에 초점을 두고 있기 때문이다. 온전한 배움이 되려면, 배운 것을 충분히 익히는 '습(習)'의 시간을 통해 메타인지가 형성되어야 한다. 모든 학습은 메타인지로부터 시작되며 공부의 결과는 '학(學)보다 습(習)'의 시간에 달려있다.

초등 부모들이 '학습 속도가 빠른 아이가 똑똑하다'라는 착각에 빠지는 이유는 초등학생들의 빠른 학습 속도 때문이다. 메타인지 전문가 리사 손 교수는 빠른 학습 속도와 관련하여 아이들은 몇 가지 특징을 보인다고 했다. 첫째, 아이들은 나이가 어릴수록 친구들과의 경쟁을 재미있어 한다. 둘째, 학습 수준이 높지 않아서 생각보다 빠른 속도로 학습을 끝낸다. 셋째, 쉽고 빠르게 학습 목표에 도달한 아이들은 스스로의 성공에 도취되어 자기 자신을 똑똑하다고 생각한다. 하지만 부모가 배움의 과정이 주는 다양한 의미와 재미를 무시하고 아이의 '학습 속도'에만 관심을 두면 그 아이의 메타인지는 발달할 수 없다는 것을 알아야 한다.

메타인지 전략의 핵심, '모니터링'과 '컨트롤'

온라인 학습의 장점은 교육에 드는 시간과 비용을 줄일 수 있고, 검증된 최고의 콘텐츠를 많은 사람들이 이용할 수 있으며, 언제 어디서든 반복해서 볼 수 있다는 것이다. 이뿐만 아니라 학습자가 충분한 의지가 있다면 얼마든지 공부한 내용을 다시 짚어보며 누적 반복 학습이 가능하다.

기존 수업이 개별 학습자의 수준을 고려하지 않은 채 진도에 맞춘 방식이었다면 온라인 학습에서는 각자 자신의 수준에 맞는 콘텐츠를 선택할 수 있다. 이것은 자기가 무엇을 알고 있는지 판단하고 그에 적합한 학습을 한다는 것, 즉 효과적인 온라인 메타인지 학습이 가능하다는 것을 의미한다.

온라인 학습의 단점으로 꼽히는 점은, 교사와 학생의 면대면 교육에 비해 집중력이 떨어지고 다른 것들에 신경 쓰느라 산만해지기 쉽다는 것이다. 또한 궁금하거나 어려운 문제를 바로 해결하기가 어렵기 때문에 옆에서 도와줄 만한 존재가 필요하다. 아이들은 학습한 내용을 잘 안다고 착각해 공부를 일찍 끝내버리는 경우가 있다. 자신이 잘 모르는데도 스스로 알고 있다는 착각에서 비롯되는 행동이다. 학습의 질과 양에 대한 자기 자신의 모니터링이 제대로 되지 않을 때 이런 부작용이 나타난다.

성공적인 학습을 위해서는 메타인지 전략의 핵심인 '모니터링'과

'컨트롤'이 제대로 이루어져야 한다. '모니터링'은 자신이 가지고 있는 지식의 질과 양을 스스로 평가하는 것이고 '컨트롤'은 이러한 모니터링을 기반으로 학습 방향을 설정하는 것이다. 둘 중 하나라도 제대로 기능하지 못한다면 그 학습은 실패할 가능성이 높다.

리사 손 교수는 모니터링 능력을 발달시키기 위해서는 자신이 '모를 수도 있다'는 사실을 인정해야 할 뿐 아니라 무엇을 '어려워하는지'도 알아야 한다고 했다. 무언가를 모를 수 있다는 사실조차 자각하지 못한다면 모니터링과 컨트롤 능력을 제대로 키울 수 없다는 말이다.

효과적인 온라인 학습을 위한 메타인지

요즘 아이들에게는 배울 것이 넘쳐난다. 오프라인보다 온라인에 더 많이 있는 것 같다. 온라인에는 다양한 방식으로 흥미를 유발하는 콘텐츠들이 풍부하기 때문에 많은 이들이 무조건 단시간에 많은 내용을 습득하는 데 초점을 두게 된다. 하지만 앞에서 말했듯이 중요한 것은 자신이 이해하지 못한 게 있을 수도 있음을 인정하고 자신이 어려워하는 것이 무엇인지를 파악하는 것이다. 그래야만 궁극적으로 좋은 학습 결과를 낼 뿐 아니라 자기주도적인 온라인 학습 능력을 발달시킬 수 있다.

메타인지 전략은 자녀를 모니터링하고 컨트롤하는 것에만 중요한 것이 아니라 부모 자신에게도 중요하다. 요즘처럼 급변하는 환경에서 자녀의 온라인 학습을 관리하는 것은 쉬운 일이 아니다. 그러므로 아이 앞에서 부모가 전지전능한 신이 아니며 완벽하지 않다는 것을 인정하고 모르는 것은 함께 찾아가며 해결하는 모습을 보여주는 것이 바람직하다. 부모가 자녀 스스로 해결할 때까지 기다려준다면 자녀도 부모가 자신에게 적절한 도움을 줄 때까지 기다려줄 것이다.

'효과적인 온라인 학습을 위한 메타인지'라고 하니 '상위 1% 학습법'이나 '공부 잘하는 법'을 기대하는 이들도 있을 것이다. 그러나 메타인지는 '더 빨리 배우기'나 '시험에서 100점 맞기' 같은 수단이 아니다. 메타인지의 진짜 가치는 '메타인지를 키우는 과정이 바로 배움의 과정'임을 깨닫게 하는 것이다.

초등기에 완성하는 온라인 자기주도학습력

간혹 학부모를 대상으로 설명회를 할 때 토끼와 거북이의 경주 이야기를 꺼내곤 한다. '왜 거북이가 토끼를 이겼을까요?'라고 질문을 던지면 대부분 '토끼가 자만심에 빠져 낮잠을 잤기 때문'이라고 대답한다. '왜 거북이가 이겼을까?'라는 질문에 그 원인을 거북이가 아닌 토끼에게서 찾는 것이다. 이는 자녀가 공부를 잘하거나 못하는 이유를 그 자녀한테서 찾는 게 아니라 다른 곳에서 찾는 태도와 비슷하다.

뒤를 이어 다른 질문을 던진다. '여러분 자녀가 토끼였으면 좋겠는어요, 아님 거북이였으면 좋겠어요?' 거의 대부분의 학부모들은 경주에서 졌음에도 불구하고 '토끼가 자기 자녀였으면 좋겠다'고

대답한다. 자신이 옆에서 잠들지 못하게 도와주면 되기 때문이다. 결국 공부든 예체능 활동이든 '아이가 그저 빨리 배우기를 바란다.'는 뜻이며 그것을 재촉하는 것이 부모의 역할이라고 보는 것이다.

하지만 속도전에 익숙한 아이들, 그래서 초등학교 때 제법 공부를 잘하던 아이들 중 상당수는 상급학교에 진학하면서 성적이 떨어진다. 문제가 어려워지니 학습 속도와 성취 속도가 느려지는 게 당연한데 속도전에 익숙한 부모와 아이는 이 상황을 이해하지 못한다.

거북이가 토끼와의 경주에 참여한 이유

거북이가 토끼에게 말했다.

"거북아 너는 길을 건너는 것만도 오래 걸리는구나."

"그렇게 걸어서는 50마일 가는 데 2박 3일은 걸리겠다."

"걷는 속도가 느려도 나는 매우 만족해."

"네가 50마일 경주를 하고 싶다면 한번 해보자."

위 이야기는 동화작가 제프리스 테일러(Jefferys Taylor)가 재해석한 〈토끼와 거북이〉의 일부이다.

거북이가 한참 걸린다고 놀리는 토끼에게 거북이가 한방 날린다. 거북이의 걸음걸이가 오래 걸릴 수는 있어도 자신의 속도에 만족한다고. 만약 토끼가 그렇게 달리기가 자신 있다면 50마일 경주를 해보자고.

부모든 아이든 자신이 거북이라는 사실을 인정하기 싫어한다. 모두 토끼가 되고 싶어 하며 끝내 경주에 참여한다. 그 경주에서 이기는 것이 곧 성공이라고 착각하면서 말이다. 하지만 걸음이 느리다고 놀리는 토끼에게 "난 지금도 충분해. 그런데 꼭 경주를 해보겠다면 우리 한번 해보자"라는 거북이의 말을 다시 한 번 생각해 볼 필요가 있다.

최근 들어 오프라인 학습에 비해 온라인 학습의 중요성이 부각되고 있는 것은 사실이다. 그러나 토끼와 거북이의 경주처럼 온라인 학습을 토끼로, 오프라인 학습을 거북이로 비유할 수는 없다. 어떤 학습 형태가 됐든 자기 자신이 무엇을 알고 무엇을 모르는지를 스스로 파악하고 학습 방향을 스스로 결정하는 것이 중요하다. 느리지만 그것으로 충분하다고 생각하고 '우리 한번 해보자'라고 제안했던 거북이처럼 말이다.

자기주도학습의 전반전 초등기

자기주도적으로 공부를 하다 보면 자연스레 정보 관리나 시간 관리 능력, 감정 조절 능력, 스트레스 관리 능력 같은 삶에 필요한 지혜를 습득하게 된다. 이런 지혜는 자신이 추구하는 삶을 개척하는데 든든한 자양분이 되어준다. 다시 말해, 학교생활에서부터 자기주도학습 능력이 단련된 사람은 사회에 나와서도 복잡한 세상에 빠르게 적응해 나갈 수 있다.

초등 6년은 초중고 12년의 절반을 차지한다. 축구 경기에 비유하자면 초등 6년은 전반전, 중고등은 후반전이라고 볼 수 있다. 부모가 함께 뛰어 줄 수 있는 시간은 전반전이다. 후반전은 아이 혼자 뛰어야 한다. 부모는 벤치에 앉아 자녀의 경기를 지켜볼 수 있을 뿐이다. 초등 6년을 자기주도적으로 공부한 아이는 중고등 6년도 자기주도적으로 공부하게 될 것이다.

내신 등급 때문에 신경이 곤두서 있는 중학생 아이에게 수행평가고 시험이고 다 제쳐두고 독해력과 사고력을 키우자며 매일 독서를 하자고 하기는 쉽지 않다. 잠자는 시간까지 줄여가며 공부하는 고등학생 아이를 붙잡고 한 번도 해본 적 없는 자기주도학습을 시도하자고 할 수도 없다. 천천히 해도 되고 때로는 실패하면서 배우기에도 좋은 시기가 초등 시기이다. 이것이 초등 시기에 공부 습관을 바로 잡고 자기주도학습을 해야 하는 이유이다.

현재 초등학생들은 입학 전부터 태블릿PC로 학습한 경험이 적지 않을 것이고, 이러한 추세는 갈수록 확대될 것이다. 기존 학습지 형태의 사교육 시스템이 대부분 스마트 기기를 기반으로 한 온라인 학습으로 전환되었기 때문이다. 그런데 초등학교에 들어오기 전에 접하는 온라인 콘텐츠는 흥미와 관심을 끌기 위한 놀이나 게임 형식이 많다. 그리고 학부모가 선택하고 관리하는 방식에 익숙해져 있기 때문에 자기주도학습 능력을 갖추는 데는 한계가 있다.

온라인 자기주도학습 능력은 단순히 디지털 기기를 활용해서 학습할 수 있는 능력을 말하는 것이 아니다. 다양한 온라인 학습 환경에서 문제를 스스로 해결하는 능력을 말한다. 이런 능력을 키우기 위해서는 본격적으로 온라인 학습 환경에 진입하는 초등기부터 학부모의 지속적인 관심이 중요하다.

자기주도학습 능력은 학교나 학원에서 알아서 키워주는 게 아니다. 그러므로 학부모는 자녀를 직접 지도하지는 않더라도 최근의 교육 동향을 알고 자녀가 어떤 학습 형태로 공부하는지를 살펴봐야 한다. 조금 더 적극적으로 도와주고 싶다면 아이의 신체적, 정서적, 인지적, 사회적 특징을 파악하고, 아이가 학교에서 배우는 과목에서 더 신경 쓸 부분은 없는지 알아보는 것도 좋다. 더불어 적절한 조력자 역할까지 해준다면 금상첨화다.

아이의 온라인 자기주도학습을 어떻게 도울까

'어떻게 하면 아이의 성적을 올릴 수 있을까?'가 아닌 '어떻게 하면 아이에게 내재된 뛰어난 학습 능력을 끌어낼 수 있을까?'를 고민하는 것이 학습코칭이다.

진정한 학부모의 역할, 공부 페이스메이커

부모의 역할 어디까지인가?

애들 학습에 도움 된다면…

TV 보며 "공부하라" 잔소리보다 책 펴놓고 "같이할까" 솔선수범

영어·수학 스터디 모임 만들어… 방통대 유아교육 편입 17대1

"아이에게 잔소리하는 것보다 엄마가 솔선수범하는 게 낫잖아요."

서울 양천구 목동에 사는 주부 이모(여·39)씨는 지난달 8일 방송통신대(방송대) 영어영문학과 2학년 편입 지원을 했다. 이미 대학을 나온 이씨가 학사 학위를 하나 더 따고 싶은 것은 아니다. 다만 엄마가 방송대에 다니며 집에서 공부하는 모습을 보이면 초등학생 딸에게 본보기가 되지 않을까 해서다. 일방적으로 딸에게 공부하라고 다그치기보다 "엄마랑 같이 공부하자"고 말하는 편이 더 효과적일 거라 보는 것이다. 이 씨는 영문과에 지원한 이유도 "나중에 딸이 공부하다 모르는 걸 물어볼 때 척척 대답해줄 수 있도록 부족한 영어 실력을 키우기 위해서"라고 말했다.

'공부 페이스메이커가 된 엄마들'이라는 헤드라인으로 올라온 신문기사 내용이다.

그렇다면 공부 페이스메이커는 어떤 역할일까? 정말 기사에 나와 있는 것처럼 아이와 함께 공부해야 하는 것이 부모의 역할일까?

페이스메이커는 마라톤이나 수영 등에서 다른 선수를 위해 속도를 조율하여 대회에서 좋은 기록을 내게 만드는 보조자를 말한다. 선수들 중에는 자신의 체력적 한계를 파악하지 못해 오버 페이스하는 경우가 있는데, 이런 선수를 도와 무사히 경기를 마치게 하는 조력자가 페이스메이커이다.

자녀의 공부를 도와주기 위해 기사에 나온 학부모들처럼 자녀와 함께 공부를 시작하는 것은 아무나 할 수 있는 일이 아니다. 또한 자녀가 공부 마라톤을 완주하도록 도와주기 위해 모두가 학생의 위치로 돌아갈 필요는 없다.

마라톤 경기도 동기부여가 중요하듯이 공부 역시 동기부여가 무척 중요하다. 하지만 엄마는 이렇게 열심히 하는데 넌 왜 아직도 똑같이 공부하는 엄마보다 더 못하느냐는 무언의 압박은 오히려 아이의 사기를 떨어뜨릴 수도 있다.

공부를 어떻게 해야 할지 몰라 헤매고 있을 때 직접 가르쳐주지는 못해도 적절한 학습 방법이나 아이에게 맞는 교육기관을 찾아 안내해주는 것 역시 공부 페이스메이커의 역할이다. 아이가 수많은 온라인 학습 사이트에서 직접 찾아보고 선택하는 데는 한계가 많다. 자녀의 수준과 성향에 맞는 콘텐츠를 찾아주는 것 역시 부모가 할 수 있는 페이스메이커의 역할이다.

저학년 때는 엄마표 공부를 해주었더라도 고학년이 되면 학습 난이도가 높아짐에 따라 혹은 아이와의 원활한 관계를 위해서 학원이나 과외 선생님 등 자녀의 학습을 맡길 곳을 찾게 된다. 이때, 우리 아이의 어떤 점이 부족한지, 특별히 잘하는 부분은 어떤 것인지 부모인 자신보다 아이에게 관심을 가지고 지도해 줄 수 있는 교육기관과 선생님을 찾아주는 일 역시 공부 페이스메이커가 할 일이다.

공부 페이스메이커, 속도보다 방향이 중요하다

초등 공부를 바라보는 관점은 학부모의 교육 가치관에 따라 간극이 크다. 어떤 학부모는 초등 아이들에게 벌써 무슨 공부 스트레스냐 하면서 친구들과 한창 뛰고 놀면서 정서적으로 건강하게 자라는 것이 더 중요하다고 생각한다. 반면, 어떤 학부모는 영재반을 들어가려면 어떻게 해야 하는지 정보를 얻느라 분주하다. 특목고나 자사고에 가려면 초등 때부터 준비해야 한다며 중고등 선행 학습하는 곳을 찾아다니는 학부모도 있다.

상황이 이러하다 보니 초등기에는 좀 놀려야 한다는 학부모는 아이가 중등에 올라가면 후회하고, 초등부터 특목 자사고에 보내기 위해 중고등 선행학습을 시킨 학부모는 기대했던 성과를 얻지 못했을 때 아이와 함께 스트레스에 시달린다. 따라서 공부라는 마라톤에서 남들보다 빨리 뛰어야 하고 그 경기에서 반드시 우승해야 한다는 부모라면 공부 페이스메이커로서의 역할을 다시 고민해보아야 한다.

그렇다고 무조건 방목하듯이 아이를 풀어놓는 것도 좋은 전략은 아니다. 준비를 전혀 하지 않은 아이는 어떻게 뛰어야 하는지 몰라 공부를 아예 포기할 수도 있기 때문이다.

초등기 공부는 속도보다 방향이 더 중요하다. 초등기에 방향이 잡혀야 중고등기에 뒤처지지 않고 자신의 속도를 낼 수 있다. 초등 공부 마라톤은 다른 친구와 뛰며 경쟁하는 마라톤이라기보다 나만의 목표를 두고 뛰는 경기이다. 공부의 최종 목표를 세우고 오늘 공부, 이번 주 공부에 관한 구체적인 계획을 설계할 때 자신이 주체가 되는 것이 중요하다는 말이다. 공부 페이스메이커로서 부모는 자녀가 스스로 계획하고 성취하는 학생으로, 삶의 주인이 되는 주체적인 성인으로 성장하려면 공부 주도권을 언제쯤 아이에게 넘겨야 하는지를 고민해야 한다.

초등 시기는 공부의 기본을 다져야 하는 골든타임이다. 그 기본은 자신이 제대로 아는지를 집요하게 자문하는 것, 어려운 문제를 만나면 해결할 때까지 붙들고 놓지 않는 것, 자신이 세운 계획은 힘들어도 지키기 위해 노력하는 것이다. 직접 계획을 세우고 어려움을 극복하고 마침내 계획대로 성취해본 경험이 있어야 한다. 이런 경험과 힘은 사교육으로는 키울 수 없다. 그 과정에서 부모가 어떤 역할을 하느냐에 따라 자기가 가야 할 방향을 찾으며 자신만의 공부 마라톤 레이스를 뛸 수 있는지의 여부가 달라진다.

온라인 학습 환경에서는 지식을 빨리 습득하느냐가 아니라 기존의 지식과 경험을 바탕으로 새로운 지식을 만들어 낼 수 있느냐가 더 중요하다. 그것이 인공지능과의 승부에서 이기는 길이다. 초등기에 자신에게 맞는 학습 방법을 찾는 연습을 꾸준히 한다면 그것이 중고등 학습 전략의 탄탄한 밑거름이 될 것이다.

온라인 자기주도학습 온(溫)소통 코칭

어느 날 하교 시간쯤 거리에서 본 초등학교 아이들의 모습이다. 자그만 어깨에 책가방을 멘 아이들은 수업을 마치고 우르르 정문으로 걸어 나오고 있었다. 초등학교 3학년이 채 되지 않을 것 같은 아이들이 약속이나 한 듯 스마트폰에 코를 박고 걷고 있었다. 수업이 끝나면 아이들은 운동장이 아닌 온라인 세상 속으로 이동하여 그곳에서 논다.

똑같은 기술의 발달도 세대나 성장환경에 따라 다르게 받아들인다. 똑같은 스마트폰이 할아버지, 할머니에게 '매우 편리한 전화'라면, 부모에게는 '들고 다니는 컴퓨터'이고, 아이에게는 '입고 다니는 옷이나 피부'에 가깝다. 그래서 요즘 아이들은 사람들과의 소통보다 인공지능과 소통하는 것에 더 익숙해지고 있다. 타인의 역할을 대신하는 대표적인 사례가 말하는 인공지능 서비스다. 아이들은 인공지능에게 이런 식으로 지시한다.

"기분도 안 좋은데, 아리야, 기분 좋은 노래 부탁해!", "조용한 노래 말고 신나는 거 틀어줘", "아리야, 나한테 좋아한다고 말해봐."

인공지능은 아무 대가 없이 내가 원하는 것을 바로바로 들어준다. 그러다 보니 요즘 아이들은 상대방의 눈치를 보고, 비위를 맞추고, 갈등이 생기면 해소해야 하는 인간관계를 피곤하다고 느낀다.

어쩌면 당연한 일이지만 세상의 변화가 이미 당연한 아이와 이런 변화가 이해하기 어려운 부모 사이에 대립이 늘어가고 있다. 인간은 수십만 년을 사회적 동물로 살아왔지만, 요즘 아이들은 인공지능이라는 편리함을 얻은 대신 사람들 사이에 오고가는 따뜻함을 잃어가는 세대가 아닌가 하는 생각이 들기도 한다.

우리 엄마보다 넷플릭스랑 유튜브가 날 더 잘 알아!

나도 몰랐던 취향을 데이터가 말해주는 세상이다. 이제는 스마트폰에 내가 남긴 데이터를 통해 나의 성향을 확인하고, 뭔가를 주문할 때도 다른 사람들의 평가나 리뷰를 참고한다. 영상조차도 유튜브나 넷플릭스가 제안한다. 내가 즐겨 찾는 부류를 분석해서 내가 굳이 고민하지 않아도 비슷한 영상들을 내놓는 것이다.

요즘 아이들은 이렇게 부모의 설명이나 조언보다 데이터에 의존해 세상을 살아가고 있다. 우려스러운 점은 자신의 정체성과 재능을 파악할 때도 자신에 대한 성찰이나 주변 사람들의 반응보다 자신과 관련된 데이터가 더 믿음직하다고 생각하게 된다는 것이다.

공부뿐만 아니라 일상생활 전반에서 온라인 세상 속에서 살다 보니 우리 아이들은 타인과의 소통 경험이 부족하다. 대화를 주고받으며 보내야 할 나이에 영상을 보며 시간을 보내고, 지루할 때마다 스마트폰에 의존한다. 이러니 더 늦기 전에 유년기의 공백을 채워줄 수 있는 '진짜 소통'이 필요하다. 진짜 소통, 언택트가 아닌 온택트, 따듯함이 있는 온(溫)택트로 그 빈틈을 채우기 위해서는 무엇보다 부모의 역할이 중요하다.

수동적 시청에 익숙한 Z세대를 위해 교실 속 수업도 변화를 기하고 있다. 이전처럼 일방적인 전달방식으로는 아이들의 집중을 기대할 수 없기 때문이다. 조금만 지루하면 정지 버튼을 누르고 더 흥미로운 영상을 찾아다니는 아이들인데, 수업중의 영상이 닫아버리고 싶을 정도로 지루하다면 어떻게 이들을 붙잡아둘 수 있겠는가.

그래서 학교에서는 의도적으로 소통을 수업 장치로 활용하려고 한다. 학교에서 쓰는 줌(Zoom) 수업에서 회의실 기능을 통해 토론 수업을 하는 것도 쌍방향 소통을 위한 것이다. 의견이 다르고, 목소리 크기가 다르고, 성별이 다르고, 성향이 다른 네댓 명이 공통의 과제를 해결하기 위해 머리를 맞댄다. 의견이 달라 다투기도 하겠지만 그 과정에서 상대의 의견을 듣는 법, 내 의견을 조리 있게 말하는 법, 의견 차이를 조율하는 법, 양보하는 법을 배울 수 있어야 한다.

온라인 자기주도학습, 온(溫)소통 코칭

자녀의 잘못된 행동을 보거나 학습의 결과가 좋지 않으면 부모는 자책한다. 그런데 부모가 잘 가르치기만 하면 정말 아이들이 잘 자랄까? 가르침만이 교육인 것은 아니다. 가르침만을 통해 아이가 잘 자라는 것은 더욱 아니다.

《교육의 미래, 티칭이 아니라 코칭이다》의 저자 폴 김은 스탠퍼드 교육대학원 부학장으로서 교육공학과 관련된 다양한 수업을 개발했다. 최근 온라인 학습이 부각되면서 폴 김의 주장이 관심을 받고 있다. 폴 김은 좋은 교사와 부모는 가르치지 않는다며, 부모는 '코치'가 돼야 한다고 말한다. 여기서 코치가 된다는 것은 '이거 해라, 저거 해라' 지시하고 명령하는 게 아니라 아이가 뭘 좋아하는지 관찰하고, 배움에 필요한 것을 제공하는 것이다. 코치가 학생에게 모든 지식을 일일이 가르치고 설명해 주면 아이들은 스스로 깨달을 수 있는 기회를 놓치게 된다. 부모가 해야 할 일은 "아이가 뭔가를 좋아할 때까지 세상을 다양하게 경험시켜 주는 것"이라는 말에 깊이 공감한다.

가르치겠다는 태도는 아이를 미성숙한 존재로 바라보는 데서 출발한다. 미성숙한 존재로 보기 때문에 가르쳐서 육성하려는 것이다. 자녀를 가르치는 대상으로 바라보면 목표에 도달하지 못했을 때 부모는 자녀에게, 자녀는 부모에게 냉정해지며 서로를 원망하게 된다. 반면 코칭은 아이를 무한한 잠재력이 있는 존재로 보는 데서 출발한다. 무한한 잠재력이 있는 존재로 바라보면 아이에 대한 시선이 따뜻해지며 서로에게 긍정적 소통의 에너지를 보내게 된다.

지식과 정보 전달 위주인 온라인 매체에서는 기본적으로 따뜻함을 느낄 만한 상황이 많지 않다. 하지만 온라인에서 자기주도적인 학습이 이루어지기 위해서는 따뜻한 소통 메시지가 오가야 한다. 차가운 메시지는 아이의 잠재력을 끌어내지 못하기 때문이다.

부모들이 사랑이라고 착각하는 지적과 잔소리는 가르침이 아니라 아이를 그르치는 요인이 될 수도 있다. 온라인 세상 속에 머물러 있는 자녀를 불안한 시선이 아니라 무언가를 발견하리라는 기대의 시선으로 바라볼 때 따뜻한 소통 코칭이 가능해진다. 아이들 역시 디지털 환경에 발맞추려 노력하는 부모를 보며 때로는 어색하지만 자랑스럽게 생각할 것이다.

온라인 학습에서 자녀의 학습에 관한 철저한 피드백과 챙김도 중요하지만 그전에 따뜻한 소통을 먼저 시작해야 한다. 유튜버가 되겠다는 자녀가 뜬구름 잡는 것처럼 보이더라도 야단만 칠 것이 아니라 최근 인기 있는 유튜버는 누구인지, 자녀가 좋아하는 유투버는 어떤 콘텐츠를 업로드하는지 찾아보려는 노력이 필요하다는 것이다.

함께 찍은 영상을 유튜브 채널에 올려 가까운 사람들과 공유해보기도 하고, 가족의 독서기록을 틈나는 대로 블로그에 기록해보는 시도도 좋다. 아이들에게 애정 어린 카톡을 보내는 것도 따뜻한 소통의 시작이다. 서로의 다른 부분을 이해하고 공감하고, 또 함께 경험하는 것이 아이를 자라게 한다는 것을 잊지 말아야 한다.

학습코칭의 3요소

얼마 전까지만 해도 자기주도학습 코칭은 전문적인 교육을 받은 학습전문가만 할 수 있는 일로 여겼다. 그런데 최근 들어 부모가 가정에서 자녀의 학습을 지켜보는 시간이 많아지다 보니 멀게만 느껴졌던 자기주도학습 코칭에 대한 관심이 높아지고 있다. 자녀 교육에 적극적인 이들은 자기주도학습 코칭을 시도하기도 한다. 이제 학부모의 학습코칭 능력에 따라 자녀의 자기주도학습 역량이 달라진다고 해도 과언이 아니다.

가정에서 자기주도학습 코칭을 하려면 학습코칭에 대한 기본적인 이해가 필요하다. 일단, 학습코칭은 학생의 잠재력을 믿고 자기주도학습 능력을 극대화하는 과정이라고 할 수 있다. 학부모의 학습코칭 능력의 날개가 잘 펼쳐질 때 자녀의 자기주도학습 능력의 날개도 균형 있게 펼쳐지게 된다.

학습코칭의 기본적인 이해

학습코칭과 비슷한 개념으로 멘토링과 컨설팅을 들 수 있다. 이 세 가지 개념은 비슷하지만 조금씩 다르다. 멘토링이 인간관계에 초점을 둔 것이라면 컨설팅은 문제점을 발견하고 해결방안을 제시하는 것에 초점을 둔 것이다. 이에 반해 '코칭'은 개인의 목표를 성취할 수 있도록 자신감과 의욕을 고취시키고, 실력과 잠재력을 최대한 발휘할 수 있도록 돕는 일을 의미한다.

학습코칭은 코치(coach)가 학습자 스스로 학습 문제점을 발견하여 그것을 해결할 방안을 찾도록 조력하는 것이다. 이때 코치인 학부모와 코치를 받는 자녀는 수직적 관계가 아니라 협력적 관계임을 명심해야 한다.

다음은 자녀에게 자전거 타는 법을 알려준다고 할 때 티칭, 멘토링, 컨설팅, 코칭으로 접근하는 방법이다. 어떤 차이가 있는지 살펴보자.

티칭	자전거는 바퀴가 두 개지? 두 개면 무게 중심은 어디로 향해야 할까? 자, 그럼 네가 평형을 잘 유지하려면 정면을 보고, 팔은 수평이 되게 자전거 손잡이를 잡아. 그런 다음… ▶자전거를 잘 타는 사람의 영상을 보며 주며 자전거 타는 원리를 가르쳐 준다.
멘토링	자전거 배우고 싶니? 엄마도 어릴 적에 자전거 배우다가 여러 번 넘어져서 울고 무릎이 깨진 기억이 있어. 너도 자전거 배우면서 넘어지고 다칠 수 있는데, 그래도 배우고 싶니? 그렇다면… ▶자신의 경험을 들려주며, 직접 자전거 타는 모습을 보여준다.
컨설팅	네가 자전거 타는 걸 보니까 두 발이 떨어진 상태에서 처음 페달을 밟을 때 수평이 잘 안 맞더라. 먼저 수평을 맞춘 상태에서 오른발 페달을 힘차게 반 바퀴 돌려 볼래? 자, 이제 페달은 됐고, 이제 시선을 바닥이 아니라 정면을 보는 연습을 해보자. ▶아이에게 먼저 자전거를 타보라고 하고 그 모습을 관찰한 후, 아이의 잘못된 방법을 찾아서 올바른 방법을 알려준다.
코칭	OO아, 자전거를 타면 뭐가 좋을까? 자전거를 타고 친구들 앞에 멋있게 달리면 어떤 기분이 들까? 운동장에서 친구들이랑 자전거 타고 경주하면 어떨까? 즐겁겠지? 그런데 여러 번 넘어져서 다칠 수도 있고 여러 번 실패할 수도 있어. 그래도 할 수 있지? 오늘은 넘어져도 울지 않는 연습도 해볼까? ▶질문을 통해 아이가 자전거를 잘 탈 수 있을 때까지 도전하게 한다.

아이의 학습 상태를 점검하고 문제를 파악하며 일방적인 해결책을 제시하고 그것을 따르게 하는 건 코칭이 아니다. 아이는 자신의 속도에 맞게 자신의 역할을 수행하고, 학부모는 그 역할을 잘 할 수 있도록 도와주는 데 초점을 두어야 한다. '어떻게 하면 아이의 성적을 올릴 수 있을까?'가 아닌 '어떻게 하면 아이에게 내재된 학습 능력을 끌어낼 수 있을까?'를 고민하는 것이 학습코칭이다.

학습코칭을 위한 3요소

학습코칭 과정에서 원하는 결과를 성취하기 위해 가장 먼저 필요한 것은 자녀에 대한 믿음이다. 그리고 잠재력을 이끌기 위해서는 '경청과 적절한 질문, 긍정적 피드백'도 그에 못지않게 중요하다. 구체적인 실천 방법을 살펴보자.

좋은 관계 형성을 위한 '경청'

잘 듣는 것, 즉 경청은 진부하게 느껴질 만큼 좋은 대화법과 좋은 관계에 필요한 요소로 빠지지 않고 등장한다. 아이와 대화할 때는 눈맞춤과 고개 끄덕임, 적절한 맞장구 등으로 경청하고 있음을 표현하는 것이 필요하다. 부엌에서 설거지를 하거나 휴대폰이나 TV를 보면서 아이의 물음에 건성으로 대답하는 모습을 자주 보인다면, 아이는 "엄마 내 말 듣고 있는 거 맞아요?" 하고 묻다가 "됐어요. 엄마랑 말 안 해요."라며 문을 꽝 닫고 들어가 버릴 것이다. 이때 어른과 대화하다가 버릇없이 방으로 들어가 버린다고 야단을 친다면 결국 소통이 아니라 불통이 돼버릴 것이다.

경청한다는 것은 먼저 상대에게 집중한다는 것이다. 아이와 마주하며 눈을 맞추고 고개를 끄덕여주며 중간중간 '그렇구나' 하고 맞장구를 쳐주는 것만으로도 아이는 자신이 존중받고 있다고 여긴다.

다음으로 섣불리 조언하거나 충고하는 것을 삼가야 한다. 부모의 입장에서는 도움을 주려고 한 말이지만 그것은 경청이 아니라 훈계에 가까워질 위험이 크다. "그게 아니지. 엄마 생각에는…, 그럴 때는 이렇게 했어야지, 네 문제가 뭐냐 하면…" 이런 식으로 조언이나 충고를 하는 순간 경청은 힘을 잃게 된다.

학습코칭을 하면서 아이에게 질문만 던지고 경청을 하지 않으면 아이는 스스로 문제를 해결하려는 의지를 보이지 않는다. 자신의 말에 귀를 기울이지 않는 사람을 신뢰할 수 없기 때문이다. 학습코칭은 아이를 진심으로 믿지 않으면 절대 원하는 결과에 도달하지 못하며, 아이에게 믿음을 주기 위해 가장 중요한 것이 바로 경청이다.

학습코칭의 줄탁동시 '질문'

시의적절한 질문은 흥미와 호기심을 불러일으켜 사고능력을 자극한다. 아이 수준에 맞게 구조화된 질문은 학습코칭의 강력한 도구이다. 대부분의 학부모는 질문을 던지기보다 해결 방법을 제시해 주려고 한다. 학부모로서는 어떻게 하면 공부를 잘할 수 있는지 어느 정도 알고 있다고 생각하기 때문에 직접 알려주는 것이 효율적이라고 생각할 수 있다. 그러나 학습코칭은 문제의 답은 당사자가 갖고 있다는 것을 전제로 한다. 따라서 "이렇게 공부해봐"로 안내하는 것이 아니라 "왜 성적을 올리고 싶니?"라고 질문해야 한다. 다음은 아이의 사고능력을 자극하는 바람직한 질문 유형이다.

*** 단순 지식이나 기억을 묻는 낮은 수준보다 분석, 종합, 평가와 같은 높은 수준의 질문**

삼국통일을 한 나라는 어느 나라일까? ▶ 만약 신라가 아닌 고구려가 삼국을 통일했다면 어떻게 되었을까?

***부정형 질문보다 긍정형 질문**

공부를 못하면 어떻게 될까? ▶ 공부를 잘하면 어떻게 될까?

***과거 지향형 질문보다 미래 지향형 질문**

숙제를 왜 안 했었니? ▶ 앞으로 숙제는 어떻게 하면 좋을까?

***폐쇄형 질문보다 개방형 질문**

수학이 어렵니? ▶ 수학 문제를 풀 때 어떤 기분이 드니?

좋은 질문은 병아리가 알에서 깨어 나올 수 있도록 어미 닭이 톡톡 쫓아주는 줄탁동시의 역할을 한다. 병아리 대신 다 깨줘도 안 되고 병아리한테만 맡겨둬서도 안 된다. 학습코칭에서 학부모가 잊지 말아야 할 첫 번째 원칙은 '어떻게 알려줄까'보다 '어떻게 질문할까'를 고민해야 한다는 것이다.

효과적인 학습코칭을 위한 '긍정적 피드백'

부모가 아이에게 긍정적인 피드백보다 부정적인 피드백을 하는 경우가 많다. 예를 들어 문제집을 채점해주면서 이렇게 말하는 것이다. "점수가 이게 뭐야!", "이것도 못 풀어?", "왜 이렇게 많이 틀렸어?" 많이 틀리고, 똑같은 문제를 자꾸 틀리니 화를 낸다. 하지만 부모의 비난에 상처를 받은 아이는 사기와 의지가 꺾이게 되고, 부모와 공부하는 것을 점점 거부하게 된다. 그러므로 자녀와 좋은 관계를 유지하면서 효과적인 학습코칭을 하기 위해서는 부정적 피드백은 최대한 자제하고, 긍정적 피드백을 하도록 노력해야 한다. 긍정적 피드백의 예를 살펴보자.

*** 노력에 대한 칭찬**

"우리 아들(딸), 온라인 강의 듣느라고 수고 많았어."

"긴 시간인데도 끝까지 들으려고 많이 노력했구나. 애썼어."

*** 격려와 인정**

"이 문제는 실수를 한 것 같네. 다시 풀면 충분히 맞힐 수 있을 것 같아."

"이 문제는 엄마가 봐도 좀 어렵다. 그래도 잘 생각해 보면 풀 수 있을 것 같은데?"

*** 성공에 대한 긍정적 피드백**

"이 문제는 강의를 다시 듣고 풀어서 맞혔네. 좋아. 아주 잘했어!"

***위로**

"그래, 또 풀려니까 힘들지? 원래 어려운 문제는 누구라도 맞히기 힘들어."

"어려운 문제가 있었는데도 끝까지 노력하는구나."

*** 도전에 대한 칭찬**

"틀린 문제를 다시 푸는 건 참 대단한 거야. 보통 아이들은 틀린 문제를 보고 도망치려고 하거든. 엄마는 틀린 문제에 도전하는 네가 정말 멋지다고 생각해! 자 한 번만 더 풀어보자, 잘 생각해 보면 이번에는 풀 수 있을 거야."

무조건 좋은 말을 해주는 것이 긍정적 피드백은 아니다. 자녀가 한 행동에 대해 인정해주는 것이 우선이다. 만약 아이가 한 숙제의 내용이 부실하다면 그것을 평가하기 전에 숙제를 했다는 것 자체부터 인정하며 긍정적인 피드백을 해 주어야 한다. 그래야 숙제를 하려는 마음이 자주 들게 되고, 나아가 조금 더 꼼꼼하게 하려는 노력도 하게 된다.

저학년 자녀를 위한 '부모 주도' 온라인 학습코칭

요즘 자기주도학습이 강조되다 보니 되도록 빨리 아이 스스로 학습하게 하려는 부모가 있다. 아이의 발달 단계에 따라 배워야 할 내용이 있듯이, 자기주도학습 역시 아이의 자기주도성 발달 단계를 보며 주도권을 서서히 넘겨주어야 한다. 그렇기 때문에 부모 주도 학습코칭을 어떻게 하느냐가 무척 중요하다. 부모 주도가 자칫 부모 의존으로 이어질 수 있기 때문이다.

학습적인 면에서 부모의 관리가 가장 필요한 학년은 저학년이다. 저학년 아이들은 부모의 의지대로 잘 따라와 주는 시기이며, 아이 주도로 학습을 하게 되면 오히려 잘못된 습관이 자리잡게 되어 추후 바로 잡기 어렵게 될 수도 있다.

특히 저학년 때의 온라인 학습에서는 부모의 개입이 더 중요하다. 저학년 아이들은 스스로 흥미와 수준에 맞는 학습 콘텐츠를 선택하는 것이 거의 불가능하다. 또한 절제력도 아직은 부족하다. 반면 칭찬과 격려에 매우 민감하여 구체적인 행동에 대해 적절하게 칭찬하고 격려해주면 행동 교정이 잘 이루어지기 때문에 부모 주도 코칭이 효과적이다.

다음은 저학년 자녀를 둔 부모가 온라인 학습을 코칭할 때 중점을 두어야 할 사항이다.

 # 학습 시간 및 태도 등 규칙의 내면화

초등학교 저학년은 아이들은 규칙을 이해하고 그것을 잘 지키는 것을 굉장히 좋아한다. 이처럼 규칙의 내면화 작업이 이루어지는 시기라 공부 습관뿐 아니라 건강한 생활 습관을 들이기에 적기라고 볼 수 있다.

공부 습관을 들일 때는 매일 정해진 시간에 정해진 분량을 하는 것을 원칙으로 삼아야 한다. 따라서 이틀에 한 번 2시간씩 공부하는 것보다는 하루 30분이라도 매일 하는 것이 낫다. 이 무렵의 아이들은 공부하는 동안 부모가 다른 일을 하면 십중팔구 딴짓을 하기 마련이다. 그러므로 부모가 옆에서 아이가 하는 것을 지켜보면서 과제에 집중할 수 있게 도와주어야 한다.

온라인 학습도 마찬가지다. 매일 학교에 다녀와서 손을 씻고 간식을 먹은 다음 30분씩 듣는다는 규칙을 정해놓고 그것을 잘 지켰을 때 칭찬하는 것이 필요하다. 스티커 붙이기를 활용하여 일주일 동안 잘 지켰을 경우 적절한 보상을 해주면 규칙을 내면화하는 데 많은 도움이 된다.

아이들은 온라인 학습을 하면서 편한 자세로 소파나 침대에 누워서 하는 경우가 많다. 그만큼 학습에 대한 부담감이 없기 때문이다. 하지만 온라인 학습도 제대로 집중해야 한다. 그러므로 책상 위에 휴대폰, 장난감, 인형 등 주의를 분산시킬 만한 것들은 정리하여 집중할 수 있는 환경을 만드는 것이 필요하다.

이 같은 습관 형성은 학년이 올라갈수록 어려워지므로 사소해 보이는 것이라도 소홀히 하지 말고 저학년 때 반드시 잡아주어야 한다.

#학습 흥미와 학습 습관의 균형

저학년에게 온라인 학습 콘텐츠의 가장 큰 장점은 흥미를 북돋아 주고 적절한 게임식 보상으로 학습을 지속시킬 수 있다는 것이다. 이런 장점 때문에 아이가 공부에 재미를 붙일 수 있어 다행이라고 생각하는 학부모들도 많다. 저학년의 경우 아무리 재미있어도 30분 이상 학습하기가 어렵다고 하는데, 온라인 학습기를 손에서 떼지 않는다며 자녀를 기특해하는 부모도 있다. 학습기를 손에 들고 있는 모든 활동 시간이 공부 시간이라고 생각하는 것이다.

하지만 아이가 재미있어한다고 해서 그만큼 학습이 잘 되고 있는 거라고 볼 수는 없다. 내용 자체에 대한 흥미가 아니라 학습이 끝나고 받는 보상이나 캐릭터의 즉각적인 피드백에 재미를 느낄 수도 있기 때문이다. 또한 온라인 학습의 흥미에 길들면 지면이나 선생님과의 대면 학습을 지루해할 수도 있다. 그러므로 자녀가 온라인 학습과 책이나 대면 등의 오프라인 학습 사이에서 균형을 잡을 수 있도록 도와줘야 한다.

확인 및 점검 피드백

시중에 나와 있는 일부 온라인 콘텐츠는 아이가 학습한 결과를 학부모가 확인할 수 있다. 학습한 내용은 무엇인지, 어떤 문제를 풀어서 얼마나 맞았는지, 어떤 부분을 어떻게 피드백을 해주면 좋은지 안내해주는 시스템이다. 그런데 학부모가 그것을 제대로 확인하지 않는 경우가 있다. 시스템의 효과를 보려면 온라인 콘텐츠에서 제공하는 보상과 피드백에만 맡기지 않고 부모가 꾸준히 확인하고 피드백을 줘야 한다.

저학년 아이들은 칭찬을 받기 위해 무조건 빨리 끝내야 한다고 생각하는 경향이 있다. 온라인 학습의 경우 강의를 들을 때 속도를 빠르게 해서 듣고 있지는 않은지 살펴보고 정속도로 제대로 보고 듣는 것이 중요하다는 것을 인식시켜 주어야 한다. 1.5배속 이상으로 듣지 않는 것을 권장하며 무조건 빨리 했다고 칭찬하는 것은 장기적으로 학습 효과를 떨어뜨리므로 주의해야 한다. 오히려 이해되지 않는 부분을 반복해서 듣는 행동을 칭찬하는 것이 자연스러운 반복 학습 습관을 만들어 줄 수 있다.

온라인 학습도 교과서 공부 중심

저학년은 온라인 학습이 끝나면 연계된 교과서를 소리 내서 읽도록 습관을 잡아주는 것이 좋다. 영상만 멍하니 보다가는 그동안 배운 내용이 뭔지도 모를 수 있다. 이럴 땐 방금 온라인으로 배운 부분을 소리 내어 한 번 읽는 것만으로도 어느 정도 복습이 된다. 아이가 조금 더 의욕이 있다면, 읽은 내용을 부모에게 말로 설명할 수 있도록 하면 더 효과적이다. 교과서 내용도 제대로 소화하지 못한 아이는 교과서 내용을 복습하는 게 핵심이다. 불안한 마음에 이런 아이에게 문제집을 풀게 하면 오히려 역효과가 날 수 있다.

학습 자신감이 다소 부족한 아이는 교과서에서 하는 활동을 최대한 많이 담고 있는 콘텐츠를 선택할 것을 추천한다. 초등 저학년 교과서는 활동지가 많이 첨부되어 있다. 또한 국어와 수학은 국어 활동, 수학 익힘책이라는 짝꿍책이 있다. 정규 수업 시간에는 모두 다루지 못하는 경우가 있으니 집에서 온라인 학습 후 문제집 대신 짝꿍책을 활용하면 학습 부담을 줄일 수 있다.

온라인에서는 화면에 터치하는 방식을 많이 쓰기 때문에 글씨 쓰기가 바르게 잡히지 않는 경우가 많다. 국어 활동의 경우 맨 뒷장에 있는 글씨 쓰기 페이지를 활용하여 바르게 글씨 쓰는 연습을 하도록 지도하는 것이 좋다. 수학 익힘책도 일반 문제집처럼 답지가 함께 있어 문제를 푼 다음 스스로 채점까지 할 수 있다. 초등 저학년은 반드시 지면 학습과 온라인 학습이 병행되어야 기초 학습 능력이 다져진다.

온라인 독서 습관

초등학교 저학년 시기에 꾸준한 공부 습관을 기르는 데 독서만큼 좋은 것은 없다. 책을 읽고 독서록도 꾸준히 쓰도록 옆에서 지도해야 부모 주도 독서가 자리 잡힌다. 물론 책을 읽기 싫어하는 아이도 있을 것이다. 스스로 알아서 읽으면 좋겠지만 그렇지 못한 아이들에게는 읽어주는 것도 방법이다. 간혹 부모가 책을 읽어주면 스스로 읽는 습관이 들지 않을 거라 생각하는 학부모도 있다. 그러나 걱정과는 반대로 부모가 책을 많이 읽어 주면 아이는 정서적으로 안정되며 독서 습관도 쉽게 잡힌다.

아이에게 책을 읽어주는 것이 여의치 않다면 온라인 독서 콘텐츠를 활용하는 것도 한 가지 방법이다. 실감 나는 목소리와 효과음까지 들어 있어 책 읽기에 흥미를 갖게 될 것이다. 다만 그런 경우에도 옆에서 같이 들으며 책 내용에 대해 이야기를 나누는 것이 필요하다. 혼자 보고 듣는 것보다 부모와 함께 독서의 즐거움을 나누는 것이 독서 습관을 들이는 데 큰 효과를 발휘하기 때문이다.

고학년 자녀를 위한 '자녀 주도' 온라인 학습코칭

초등 6년은 아이의 '공부 그릇'을 키우는 시기다. 저학년까지는 공부 습관을 잡아주기 위해 부모가 개입해 이끌어주고, 고학년부터는 자기 주도적으로 공부할 수 있도록 뒤에서 밀어주어야 한다. 다시 말하면 저학년에는 부모 주도의 공부로 기초 학습 습관을 잡는다면 고학년부터는 공부의 주도권을 자녀에게 넘기면서 자기주도 학습 습관을 만들어가야 한다.

하지만 고학년이 되었다고 무조건 이제부터는 네가 알아서 하라는 식이면 곤란하다. 공부의 주도권을 그냥 넘길 것이 아니라 자기 공부에 책임지는 방법을 알려줘야 하는 것이다.

저학년이 부모에게 칭찬을 받기 위해 공부하고 부모가 정해 준

학습 스케줄에 따라 공부를 했다면, 고학년에서는 공부하는 목적을 생각해 보고 과목별로 자신이 어떤 부분이 부족한지, 그 부족한 부분은 어떻게 채우면 좋을지 스스로 계획을 세워야 한다.

막연히 친구가 다니는 학원에 다니고 싶다거나 학원에 다니기 귀찮아서 온라인 학습을 하는 식이어서는 안 된다. 학원에 다닌다면 자신의 문제점을 해결하는 데 어떻게 도움을 받을 수 있는지 따져 보고, 온라인 학습을 하면서 게임이나 유튜브 등 학습 외 사이트로 빠지는 문제를 어떻게 해결할 수 있는지를 생각해봐야 한다. 이 과정은 질문과 경청, 피드백을 통해 아이 스스로 결정하게 하고 아이가 그 결정에 책임을 져야 한다는 것을 인식시켜야 한다. 이런 과정을 찬찬히 밟아가면서 공부 주도권이 자녀에게 넘어가고 서서히 자기주도학습 습관이 형성되기 시작한다.

고학년이 되면 배우는 과목이 많아지고 학습량도 늘어난다. 뿐만 아니라 난이도가 높아지면서 스트레스를 받을 수 있다. 이럴 때 학습 스트레스를 줄이려면 공부해야 할 과목이나 공부의 양을 줄이는 게 아니라 효과적인 학습법을 찾아야 한다.

그중 가장 효과적인 방법이 바로 복습이다. 복습을 제대로 하는 아이는 복습을 반복할수록 이해하고 암기해야 할 개념이 점차 줄어든다는 것을 알게 된다. 복습하는 방법으로 가장 좋은 것은 배운 내용을 노트에 정리하고 말로 설명해 보는 것이다.

온라인 학습의 경우 고학년은 다룰 내용이 많아서 강의 시간이

길다. 고학년이 되면 집중력이나 집중하는 시간이 늘긴 해도 개념에 대한 이해력이나 암기력이 갑자기 늘어나는 건 아니다.

따라서 온라인 학습을 하고 나면 노트에 정리하는 것이 필요하다는 것을 느끼게 해야 한다. 노트 정리가 복습에 좋다해도 강요는 좋지 않다. 어떻게 하면 배운 내용을 오래 기억할 수 있을지 스스로 고민해서 노트 정리를 떠올릴 수 있도록 코칭해야 한다. 같은 행동도 부모 주도로 하는 것과 자녀 주도로 하는 것은 그 실천의 지속성이 다르다. 필요성을 스스로 느끼고 시작하는 것과 억지로 시켜서 하는 것은 당연히 차이가 날 수밖에 없다. 고학년 때 노트 정리 습관이 안 돼 있으면 중·고등학교에 가서도 자리잡기 어렵다. 필요성을 절실하게 느끼지 못하기 때문이다. 어차피 정리된 내용은 참고서 또는 학교 프린트에 있다고 생각하니 굳이 손으로 다시 쓸 필요가 없다고 생각하는 것이다.

배운 개념을 노트에 정리하는 습관은 아이에게 습(習)의 시간이다. 배운 내용을 익히고 자신이 모르는 부분을 다시 한 번 짚고 넘어가는 시간이기 때문에 메타인지 능력 향상에도 큰 도움이 된다.

요즘 학교에서는 배움 노트를 활용하는 경우가 있다. 저학년에서는 배움 노트를 활용하여 학교에서 무엇을 배웠는지 확인하고 온라인 학습을 하고 나서도 무엇을 배웠는지 적게 하는 것이 좋다. 저학년에서 배움 노트 쓰기가 습관으로 굳으면 고학년에 올라가서 핵심 개념을 노트에 정리하는 것을 자연스럽게 받아들일 것이다.

배움 노트는 노트 한 권에 날짜별로 배운 내용을 학교 수업 시간표 순서대로 1~3줄 정도 쓰는 방식이다. 핵심 개념 노트는 과목별, 단원별로 정리하는 방식이라서 초등 저학년에게는 어려울 수 있다. 만약 고학년에서도 핵심 개념 노트 쓰기가 어렵다면 배움 노트 쓰기부터 시작해도 좋다.

배움 노트 정리에서 핵심 개념 노트 정리 단계로 넘어가 습관이 정착되었다면 자기만의 노트 정리 방식을 만들어갈 수 있도록 도와준다. 코넬식 노트 정리나 마인드맵을 활용한 정리로 이끄는 것도 좋다.

다음은 온라인 자녀 주도 학습을 코칭하기 위해서 중점을 두어야 할 사항이다.

진단을 통한 자녀 수준 객관화

자녀를 객관적으로 본다는 것은 생각처럼 쉬운 일이 아니다. 하지만 아이의 성향을 제대로 파악하지 못한다면 아무리 좋은 학습법이라도 무용지물이다. 객관적인 수준을 정확히 파악하기 위해서 적합한 진단평가가 필요하다. 그리고 그 진단평가 결과를 토대로 수준에 맞는 강의와 교재를 선택하는 것이 자기주도학습의 출발점이다. 아무리 좋은 콘텐츠라도 아이의 수준에 맞지 않으면 밑빠진 독에 물붓기다.

[배움 노트 양식과 정리 방법 예시]

날짜 20__년 __월 __일

	과목	배운 내용 정리하기
1교시		
2교시		
3교시		
4교시		
5교시		
6교시		
알림장		선생님 확인 / 부모님 확인

날짜 3월 8일 월요일
1교시 수학
1. 덧셈해보기
세자리수의 덧셈
2교시 국어
1이야기에 나타난 감각적 표현 알기
「바삭바삭 갈매기」를 읽고 감각적 표현 찾기
3교시 자율
1.소중한 너와 나, 보이지 않은 선을 지켜요.
①너와 나의 경계선 알아보기
②나의 소중한 점 알아보기
4교시 영어
1. Hi, I'm Jello.
①알파벳 A부터 Z까지 배우고 써보았다.
②교과서 안에있는 친구들 이름 알아보기
③알파벳을 교과서 안에서 찾아보기
④소문자와 대문자 알아보기
5교시 과학
1.물체는 어떤 재료로 만들어졌을까요?
①물체와 물질 알아보기
②게임판의 그림이 어떤 물질로 만들어 졌는지 알아보기
③물체와 물질에 대해 알아보기
6교시 체육
신체 활동 안전사고 알아보기

[코넬식 노트 필기와 마인드 맵 예시]

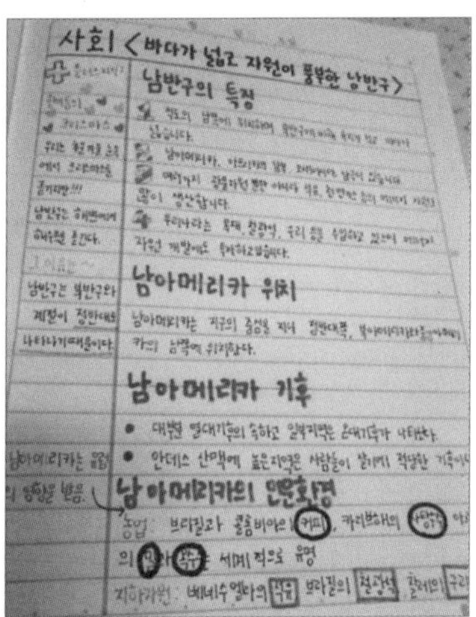

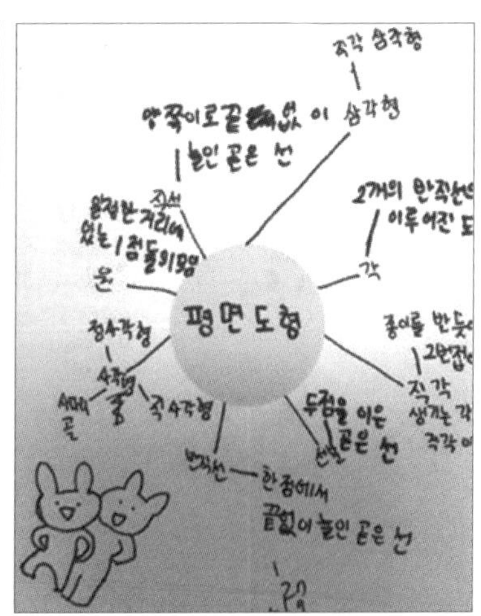

자녀의 주도성 존중과 신뢰

부모가 아이를 신뢰하지 않는 말과 행동을 하면 아이는 매우 실망하고 상처를 입는다. 이는 학습 의욕 저하와 무기력의 원인이 되기도 한다. 부모는 자녀가 스스로를 완성해가는 과정이라는 것을 명심하고 어설프더라도 아이의 주도성을 존중해줘야 하고, 사랑과 관심으로 대해야 한다. 집안일과 직장일이 바쁘다는 이유로 아이를 방치할 경우, 아이는 부모의 말을 그대로 받아들이지 않고 거부감을 갖게 된다. 짧은 시간이라도 아이가 관심 받고 있다는 것을 느낄 수 있도록 격려의 자세가 필요하다.

체계적인 계획

초등학교 시기의 학습 목표는 아이의 실력을 고려하여 설정하고 아이의 성향에 따라 학습량, 학습 시간, 학습 수준 등을 조정하는 것이 좋다. 아이들은 보통 시간을 기준으로 계획을 세우는 경우가 많다. 시간 중심으로 계획을 세우다 보면 시간만 채우고 정작 해야 할 학습 분량을 못하는 경우가 생긴다. 그러므로 학습 시간보다 학습 양을 기준으로 삼게 하는 것이 좋다. 온라인 학습의 경우 틀어놓고 시간만 때울 위험이 있으므로, 학습량을 기준으로 정하는 것이 특히 중요하다.

최종 목표를 세웠다면 구체적인 하위 목표를 세우도록 한다. 목표를 달성했다면 그때 느낀 성취감과 그에 따른 변화를 기록하는 습관도 들이게 한다. 이런 기록은 아이가 학습 슬럼프를 겪게 되었을 때 큰 힘이 된다.

긍정적 지지를 통한 실행

실행 단계에서는 아이가 스스로 하는 것이 중요하다. 처음 온라인 학습 시작 시 강의 듣기와 개념 정리, 문제 풀기, 그리고 모르는 문제에 대한 해결 방안 등을 아이와 소통하며 계획을 세웠다면, 중간에 미흡한 부분이 있거나 실수를 하더라도 일단 지켜보며 긍정적인 지지를 해주어야 한다. 인내심을 가지고 격려하고 지지할 때 아이는 계획을 끝까지 마무리하려고 노력한다.

피드백

명확한 피드백은 좋은 행동을 강화하고 잘못된 행동을 바로잡게 해준다. 오프라인 학습에만 길들여져 있는 학생은 온라인 자기주도 학습이 어려울 수 있다. 하지만 아이들은 부모가 생각하는 것보다 빠르게 온라인 시스템에 익숙해진다. 피드백을 할 때에는 결과보다 학습 과정에서의 태도에 중점을 두어야 한다.

고학년의 자녀 주도 학습 코칭에서 가장 중요한 것은 공부의 주도권을 아이가 행사하게 하는 것이다. 그 주도권을 갖고 스스로 자기 공부를 책임질 수 있을 때 진정한 공부 독립을 할 수 있다.

제 2 부

온라인 교실
자기주도학습
HOW TO

효과적인 온라인 학습을 위한 HOW TO

"이것이 미래형 인재가 되기 위한 핵심 역량을 키우는 온라인학습 방향의 이정표라고 할 수 있으며 학부모가 자녀의 온라인학습에 대해 단순한 도구로서의 학습이 아님을 알아야 하는 이유이다."

온라인학교 등교하기

요즘 아이들이 등교하는 온라인학교는 기존 학교와 환경이 다르다. 책가방과 책, 공책, 준비물이 아니라 정보화 기기를 이용하기 때문이다. 당연히 정보화 기기를 활용할 수 있는 기본적인 능력이 있어야 하고, 온라인 학습에 대한 이해와 자세도 갖춰야 한다. 부모로서 체크해야 할 사항을 알아보자.

기기 및 장비 체크

컴퓨터, 태블릿PC, 노트북, 스마트폰 등의 다양한 도구를 통해서 온라인학교에 등교할 수 있다. 접속하는 환경에 따라 메뉴와 활용 방법도 약간씩 다르다. 컴퓨터에서 쓰이는 기능이 스마트폰에는 없을 수도 있기 때문에 기기에 따른 활용법을 미리 숙지해 두어야 한다. 쌍방향 수업에서는 웹캠, 마이크, 스피커가 필요하다. 태블릿PC나 노트북, 스마트폰에는 수업에 필요한 대부분의 기능이 내장되어 있지만 데스크탑을 사용한다면 반드시 웹캠, 마이크, 스피커를 따로 장착해야 한다.

원활한 학습을 위해서는 데스크탑이나 노트북을 추천한다. 학습용 태블릿PC에서 줌을 사용할 경우 속도가 느려 영상이나 소리가 자꾸 끊기는 현상이 나타나기도 한다. 그리고 스마트폰이나 태블릿PC는 화면이 작아 교사가 보여주는 자료가 잘 안 보일 수도 있고 정보 처리가 원활하지 않은 경우도 있다. 예를 들어 데스크탑이나 노트북으로 온라인 쌍방향 수업에 참가한다면 e학습터나 구글 클래스룸에 접속하여 쉽게 자료를 만들 수 있지만, 스마트폰이나 태블릿PC로는 쉽지 않다.

인터넷 환경 점검

장비가 준비되었다면 접속 환경, 즉 네트워크 환경을 점검해야 한다. 인터넷 환경에 따라 수업에 지장이 갈 수도 있기 때문이다. 실제로 온라인 개학이 이루어지는 초반에는 서버가 다운되거나 접속 장애를 일으키기도 했다. 최근에는 서버가 보완되어 그런 일은 크게 줄었지만 각 가정에서 접속이 원활한 지점을 미리 알아두는 것이 좋다.

또한 아이가 온라인학교에 잘 적응할 수 있도록 장비에 익숙해지는 연습을 시켜야 한다. 장비를 켜고 온라인 학습 사이트나 앱에 접속할 수 있는지, 아이디와 패스워드 관리를 잘하고 있는지도 확인해야 한다. 만약 맞벌이 부부라면 온라인 원격 제어 프로그램을 설치하여 도와주는 방법도 있으니 활용해 보기 바란다.

#학습 방해 요소를 제거한 공부 공간 만들기

오프라인 학교에서는 수업종이 울리는 순간 공부에 집중할 수 있는 환경이 조성된다. 선생님이 학생들을 바라보고 있고 주변 소음이나 주의를 분산시킬 만한 요소도 없다. 칠판과 선생님을 바라보며 수업이 시작된다.

그러나 온라인 교실은 전혀 다르다. 부모가 신경을 써주지 않으면 TV 소리, 반려견이 짖는 소리, 음악 소리, 초인종 소리, 가족들이 대화하는 소리 등 수업에 집중할 수 없는 방해 요소들이 산재해 있다. 쌍방향 수업의 경우 이런 소음들은 자녀의 수업이나 학습을 방해할 뿐만 아니라 타인의 수업도 방해한다는 사실을 알아야 한다. 따라서 조용한 공간에서 수업에 집중할 수 있도록 부모가 적극적으로 분위기를 조성해 주어야 한다.

가정에서의 온라인 학습은 정보화 기기를 이용해 동영상을 보는 학습 과정이 많다. 그러다 보니 재미있는 다른 영상을 보거나 게임을 하고 싶은 유혹에 빠질 수 있다. 이런 유혹으로부터 조금이라도 벗어나기 위해서는 정보화 기기가 있는 책상과 공부하는 책상은 별도로 구분해 준비하는 것이 좋다. 요즘은 1인 독서실 책상을 저렴한 가격으로 구매할 수 있으니 하나쯤 구비해 주는 것도 좋은 방법이다. 만약 공간이 여의치 않다면 식탁을 활용해도 된다. 다만 온라인 학습이나 공부를 할 때 식사나 간식을 먹는 것은 금지해야 한다. 일상생활과 학습시간을 구분하는 것이 필요하기 때문이다. 또한 집중력을 유지하기 위해 공부하는 책상에 장난감이나 인형, 휴대폰 등은 두지 않는 것이 좋다.

수업 보조 도구 프린터

프린터도 학습에 유용하게 활용할 수 있는 장비다. 제본기에 코팅기까지 마련하는 집도 있다. 그 정도까지는 필요 없지만, 과제를 출력하거나 학습 결과물들을 출력해 모아두면 아이가 복습하기 좋고 은근히 뿌듯함도 느낄 것이다. 고급 사양이 아니더라도 저렴한 잉크젯 프린터 한 대 정도 구입해 두면 유용할 것이다.

등교 시간 및 쉬는 시간 정하기

만약 아이가 학교에 9시까지 등교한다면 적어도 8시에는 일어나서 등교 준비를 할 것이다. 온라인학교 등교도 마찬가지로 오전 8시 50분까지는 등교하도록 챙겨야 한다. 그 시간까지 등교하려면 기상 시간, 세수하고 양치하는 시간, 아침 식사 시간도 정해 놓아야 한다. 별것 아닌 것 같지만 이런 사소한 것 하나하나가 온라인 등교를 진지하게 받아들이게 하는 작은 출발점이다.

편안하게 듣고 있는 것 같지만 아이들도 온라인 수업이라는 낯선 환경에 적응하느라 힘들 수 있다. 따라서 동영상 수업을 다 보고 선생님이 내준 과제를 마치고 나면 쉬는 시간을 갖게 해야 한다. 30분 이상 쉬면 리듬이 흐트러질 수 있으니 20분 이내가 좋다.

부모가 직장에 다닌다면 이런 세세한 부분을 일일이 챙겨줄 수가 없으므로 눈에 잘 보이는 곳에 하루 일정표를 붙여두고 아이가 직접 체크하게 하는 방법도 있다. 매일 스티커 붙이기를 통해 칭찬과 격려를 해주면서 1주일 동안 잘 지켰다면 아이가 좋아하는 음식을 가족들과 먹으며 응원하는 시도도 필요하다.

온라인 교실에서의 예의

일반 학교에서 가장 기본적인 예의는 인사와 건전한 언어 사용이다. 온라인학교라고 해서 다르지 않다. 댓글이나 화면을 통해 밝은 모습으로 인사하는 습관을 들이도록 지도한다. 또 얼굴을 화면에 당당하게 드러내도록 지도해야 한다. 화면에 얼굴을 보이지 않으려는 학생들이 있는데, 이것은 대면 수업 시간에 모자를 푹 눌러쓰고 얼굴을 가린 채 수업을 받는 것과 다름없다. 그런 태도는 수업을 듣는 예의가 아님을 확실히 알려줘야 한다.

댓글을 달 때도 이모티콘 하나로 감정을 표현하는 아이들이다 보니 어떻게 댓글을 달아야 하는지 난감해하는 아이들이 많고 줄임말이나 은어를 남발하기도 한다. 따라서 자기감정과 의견을 구분하여 댓글을 달도록 지도해야 한다. 한편 화면 터치 위주의 스마트폰에 익숙하고 자판을 두드리는 데는 익숙하지 않다 보니 오타로 인해 오해를 받는 경우도 있다. 저학년의 경우 평소 타자 연습을 시켜주는 것도 좋다. 초상권, 저작권에 대한 기본지식도 설명해 주어야 한다.

쌍방향 수업의 경우 음소거 기능도 온라인 교실에서 꼭 필요한 기능이다. 음소거 기능을 사용해서 수업에 방해되지 않도록 주의하는 것이 필요하다. 선생님도 미리 주의를 주겠지만 학부모도 다시 한 번 확인해 주는 게 좋다.

하교 시간 정하기 및 과제 관리

무엇이든 대충 빨리 끝내려는 아이가 있는가 하면, 수업에 집중하지 못하고 멍하게 있으면서 시간만 보내는 아이도 있다. 그런 아이들에게는 하교 시간을 정해주는 것이 좋다. 만약 1교시부터 6교시까지 쌍방향 수업이라면 선생님이 알려주는 대로 따라가면 되지만 단방향 수업 때 하교 시간을 정해 주지 않으면 하루 수업 분량을 밤늦게까지 붙들고 있는 경우도 생긴다. 이것은 공부를 미루는 습관으로 굳어지기 쉬우니 등하교 시간을 꼭 정해주고, 그것을 지키는지 확인해야 한다.

온라인 수업을 하게 되면 선생님은 일주일 수업 시간표와 학습할 내용을 담은 주간 학습표를 공지한다. 주간 학습표는 출력해서 아이의 컴퓨터나 책상 앞에 붙여두고 학습할 내용이나 과제, 학습 준비물을 확인하게 한다. 특히 과제는 깜박 잊고 하지 않을 수도 있지만 어떻게 해야 하는지 잘 몰라서 안 하는 경우도 있다. 과제는 분명 아이의 일이지만 어떻게 하는지 모르고 있다면 부모가 적절한 도움을 주는 것도 필요하다. 직접적인 도움을 주기 어렵다면 댓글을 통해 선생님께 도움을 청하게 하는 방법도 있다.

온라인 학습 환경과 친해지기

온라인 수업은 학교 선생님과 친구들이 한 교실에서 선생님의 얼굴을 보며 직접 설명을 듣고 친구들과 모둠 수업을 하면서 토론도 하는 교실 수업과 많이 다르다. 어떤 날은 선생님과 친구들을 화면 속에서라도 보지만, 어떤 날은 화면 속에서도 못 만나고 동영상만 보기도 한다.

휴식이 중심이던 집이라는 공간이 어느 순간 학습 공간이 되어버렸기 때문에 아이들 입장에서는 당연히 어색하고 집중하기도 쉽지 않다. 특히나 수업 자체가 온라인이라는 가상공간에서 이루어지기 때문에 아이들로서는 랜선 학교로 전학 간 기분일 것이다. 그만큼 낯설다는 것이다.

지금 우리 아이들은 그 낯선 학교에 적응하고 있는 것이다. 이는 학부모도 마찬가지이다. 직장에 다니면서 줌으로 화상회의를 해 본 학부모는 화상 수업이 조금 덜 낯설겠지만 행아웃, MS팀즈, webex 같은 여러 가지 화상 수업 솔루션 이름을 처음 들어 본 학부모도 많을 것이다. 그러다 보니 아이가 도움을 요청해도 어떻게 해줘야 할지 몰라 동동거린다. 특히 다자녀를 둔 학부모는 선생님이 사용하는 화상 수업 도구가 다를 수도 있어서 더 난감할 것이다. 화상 솔루션을 직접 활용하는 것은 선생님이지만 그 안에서 활동하는 것은 학생이므로 학부모가 대략적인 원리라도 알아두어야 한다. 다음은 학교에서 선생님들이 활용하는 온라인 플랫폼의 특징이다.

E- 학습터(http://cls.edunet.net)

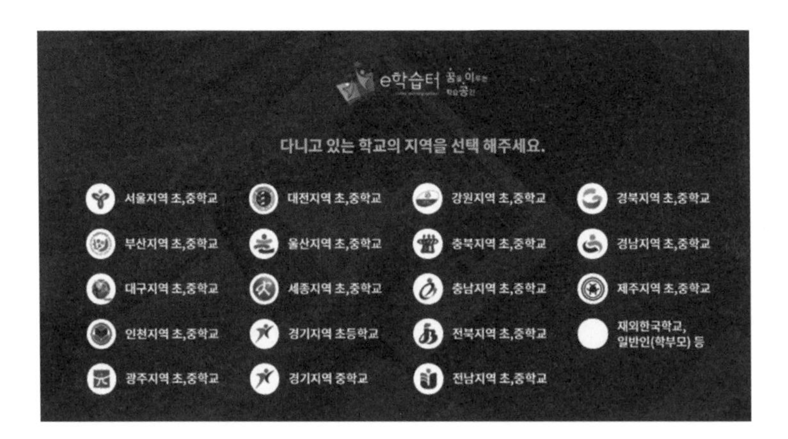

e학습터는 17개 시·도교육청과 교육부가 통합운영하고 한국교육학술정보원이 지원하는 초·중등 대상 교실 수업 연계형 학습 지원 서비스다. 학생에게는 자율 보충학습을, 교사에게는 방과 후 수업과 학습관리 서비스를 제공한다. 학년별로 콘텐츠가 구성되어 각자 관심 있는 주제의 콘텐츠를 이용하고 학습 이력을 관리할 수 있다. 학급 구성원으로 설정되면 교사가 구성한 시간표에 따른 콘텐츠를 이용할 수 있다.

e학습터의 첫 화면에는 현재 인기 있는 콘텐츠를 확인할 수 있으며 학년, 학기, 과목별로 수업과 관련된 동영상 자료를 볼 수 있다. 영상 학습 자료에는 정규 교육과정에 맞춰 차시가 구성되어 있고, 관련 문제를 풀어보면서 복습할 수 있다. 또한 배운 내용을 확실하게 정리할 수 있도록 핵심 노트를 다운로드 받아 활용할 수도 있다.

디지털 교과서

디지털교과서는 에듀넷·티-클리어 회원으로 가입해야 활용할 수 있다. 만 14세 미만은 보호자의 동의가 필요하다. 서비스 대상은 전국 초·중·고등학생 및 교사이다. 초등학교는 사회, 과학, 영어가, 중학교는 사회, 과학, 영어가, 고등학교는 영어, 영어 I, 영어 회화, 영

어 독해와 작문이 제공되고 있다. 디지털교과서에서는 교과 내용뿐 아니라 다양한 관련 자료를 접할 수 있다. 기존 서책형 교과서에 용어사전, 멀티미디어 자료, 실감형 콘텐츠, 평가 문항, 보충 및 심화학습 등 풍부한 자료와 학습 지원 및 관리 기능이 추가되어 있다. 또한 외부 자료와 연계해서 활용할 수도 있다.

구글 플레이스토어나 애플 앱스토어에서 실감형 콘텐츠를 검색하여 설치하면 3~6학년 사회와 과학 디지털 교과서에서 제공하는 가상현실(VR), 증강현실(AR) 자료도 볼 수 있다. 실감형 콘텐츠는 학생들이 직접 조작해보는 과정에서 교과 내용에 대한 흥미를 높여준다는 장점이 있다. 초등학교·중학교 사회, 과학 과목이 제공되며 콘텐츠 유형에는 VR, AR, 360° 동영상이 있다. VR은 만들어놓은 가상세계에서 실제와 비슷한 체험을 할 수 있게 해주는 기술이고, AR은 VR의 한 분야로서 현실 세계 모습에 3차원 이미지를 합성하여 영상으로 보게 해주는 기술이다. 360도 동영상이란 재생 도중 키보드나 마우스 등을 활용해 시청자가 보고 싶은 방향이나 지점을 마음대로 선택해 볼 수 있는 영상을 말한다.

과학 실험의 경우 영상 자료를 이용하면 실험 과정을 전반적으로 이해하는 데 큰 도움이 된다. 이외에도 보충 자료로 실생활에서 쓰이는 다양한 예시를 접할 수 있어, 학생들의 흥미를 유발할 수 있다. 학습자가 중요한 부분을 표시하고 싶다면 해당 내용을 드래그하여 하이라이트, 메모 등을 할 수도 있다. 이처럼 디지털교과서의 다양한 콘텐츠는 교과 내용을 더 풍부하게, 다각도로 공부하는 데 매우 유용하다.

EBS 온라인클래스(https://oc.ebssw.kr)

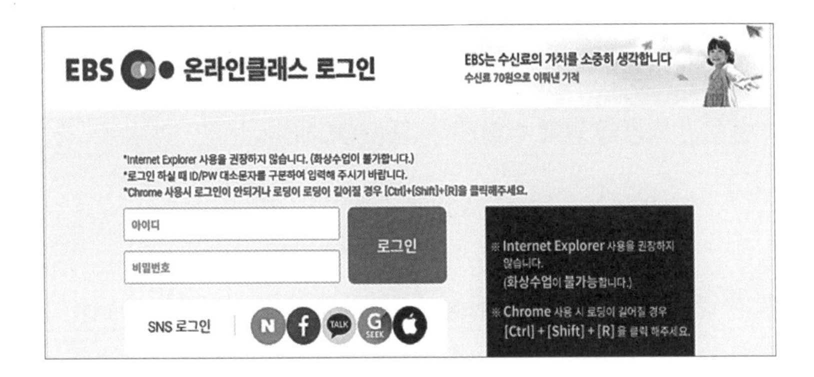

EBS 온라인클래스는 EBS에서 만든 온라인 학습 플랫폼이다. EBS에서 제공하는 만점왕 문제집을 중심으로 영상을 제공한다. 저학년은 온라인에 접속하지 않더라도 텔레비전 EBS러닝 채널을 보면서 학교에서 나누어 준 학습 꾸러미를 해결할 수 있다.

EBS 온라인클래스는 학교를 선택한 후 학교별 서버에서 이용할 수 있으며, 학생이 온라인 클래스 가입한 후 학교 혹은 학급 선생님이 승인해야 시작할 수 있다. 이름을 확인한 후 승인하므로 반드시 학생 이름으로 EBS 회원가입을 해야 한다.

위에서 소개한 플랫폼 외에도 다양한 플랫폼이 있다.

자녀가 활용하는 플랫폼은 무엇인지 알아두면 수업 진도를 체크하거나 과제를 확인하거나 평가 툴을 잘 활용하고 있는지도 살펴볼 수 있다.

실시간 쌍방향 원격 수업 도구 '줌(ZOOM)'

최근 쌍방향 수업에 대한 요구가 많아지면서 널리 활용되는 서비스가 줌(ZOOM)이다. 줌은 학생이 별도 가입하지 않아도 교사가 개설한 화상회의 방에 참여해 수업을 들을 수 있다. 선생님이 카카오톡 단체 채팅방이나 메시지로 보내주는 회의 링크 주소 또는 회의 아이디와 패스워드를 통해 쌍방향 수업에 참여할 수 있다.

학생들은 스마트폰이나 컴퓨터에 줌 프로그램만 설치해 놓으면 된다. 주의할 점은 노트북이나 데스크탑으로 참여할 때는 컴퓨터 오디오를 통해 '전화'로 응답해야 하고, 스마트폰이나 태블릿 PC로 참여할 때는 왼쪽 창 아래에 있는 오디오 연결을 누르고 '인터넷 전화'라는 버튼을 눌러야 한다. 그렇지 않으면 소리가 들리지 않는다. 줌 원격 수업 시 가장 많이 질문하는 내용 중 하나라고 하니 기억해 두는 것이 좋겠다.

구분	학생 초대 방식	주요 자료	학습 관리 기능 여부	평가 기능	비고
EBS온라인 클래스	신청 후 승인 방식	EBS강의 영상, 자체 제작자료, 유튜브	진도율, 평가 점수 기준으로 이수 여부 설정	객관식, 주관식, OX 퀴즈 토론	접속이 많을 경우 서버 불안정
E학습터	단체 아이디 생성가능, 신청 후 승인 방식	e학습터 자체 강의, 동영상, 자체 제작 자료, 유튜브	진도율, 평가 점수 기준으로 이수 여부 설정	사이트 내 공유 평가지, 자체 제작 평가지	고등학교 개설 불가
위두랑	에듀넷 아이디 추가 가능, 학교 내 학생 검색 추가, 승인 방식	e학습터, 유튜브, 네이버지식백과, 자체 제작 자료, 구글 드라이브 내 자료, 디지털 교과서	학생별 과제 제출 여부, 알림장, 모둠 활동 운영 가능		포트폴리오 기능, 설문 기능
디지털 교과서	에듀넷 아이디 추가가능, 학생 개별 아이디 추가 가능	초·중등 교과서 서비스 중, 고등 교과서 영어 과목 일부			디지털교과서 내 메모, 음성 녹음 활용하여 위두랑 내 가입 클래스에 전송 가능
클래스팅	초대 코드 공유, 개별 아이디 생성해야 함	자체 제작 자료 업로드	과제게시 및 제출기한 설정 가능	과제별 점수 부여 가능	클래스팅 스쿨 관리자 신청 시 가정통신문 발송 가능 (무료)
에듀넷 티클리어	위두랑, 디지털 교과서 아이디 사용 가능	초·중등 수업 연구 및 설계자료 열람			
구글 클래스룸	초대 코드 공유, 교사가 직접 초대(학생 초대 수락)	구글 교육툴 활용(유튜브, 폼즈 등)	과제 제출기한 설정, 공지, 퀴즈, 질문, 자료 탑재, 루브릭 제시 등	과제별 점수 부여 가능	
네이버밴드	초대 링크, 단체 아이디 생성 기능 없음	자체 제작 자료, 라이브방송 소스		일정, 할 일, 참가신청서, 투표, 출석 체크 등	학부모 접근성이 좋음, 앱 서비스 가능
팀즈	교사가 직접 초대(학생 초대 수락)	마이크로소프트 툴(워드, 엑셀, 파워포인트 등)	과제 제출기한 설정, 공지, 퀴즈, 질문, 자료 탑재 등	과제별 점수 부여 가능	구글 클래스룸과 유사

PPT나 동영상, 각종 문서 등을 화면에 띄울 수 있는 화면 공유 기능도 있고, 짝 토론이나 모둠 토론할 때 활용하는 소회의실 기능도 있다. 저학년 학생들은 힘들겠지만, 고학년 학생들은 발표 수업을 위한 화면 공유 같은 기능은 미리 익혀두어야 할 것이다.

소회의실에서 주로 학생들끼리 화면으로 마주보며 의견을 나누는 수업이 있는데, 이때 자녀가 너무 쑥스러워하지는 않는지, 기능을 제대로 익혀 자신이 하는 얘기를 상대 친구들에게 잘 전달하는지 살펴보는 것이 좋다. 드물지만 학생들 간에 사이가 좋지 않은 경우나 사소한 문제가 발생하는 경우 사이버 폭력이 일어나기도 한다. 이때는 아래의 화면과 같이 '도움 요청' 버튼을 누르면 선생님이 개입해서 도와줄 수 있다.

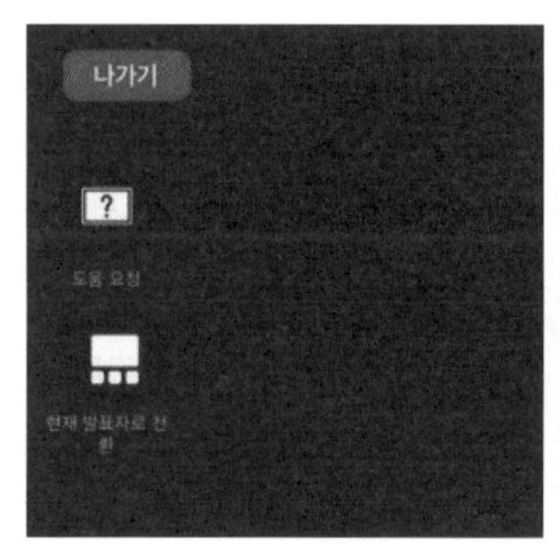

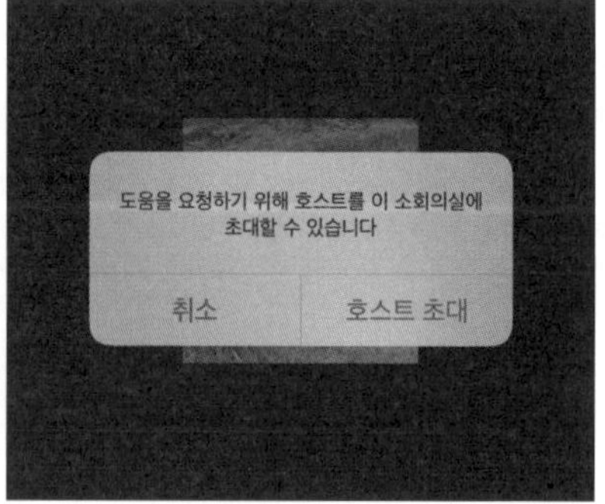

[소회의실 도움요청 화면]

효과적인 학교수업을 위한 온라인 학습

'온라인 개학' 당시에는 디지털기기에 미숙한 학생들이 많아 보호자의 지도가 필수적인 만큼 '부모 개학'이란 말이 나왔다. 기관 조사에 따르면 초등학생 학부모 79.67%는 자녀 원격 수업에 도움을 준다고 대답했고, 절반 가량이 부담을 느낀다(부담스럽다 36.67%·매우 부담스럽다 9.4%)고 답했다.

예전에는 아이가 학교에 가기만 하면 수업이 강의식이든, 토론식이든, 프로젝트 방식이든 선생님이 알아서 진행하기 때문에 학부모가 딱히 도와줄 일이 없었다. 그러나 요즘 같은 온라인 수업 방식에서는 적어도 저학년 학부모는 수업이 어떤 식으로 진행되는지를 알아두고 옆에서 도와줘야 하는 상황이다.

원격 수업이란?

'원격 수업에도 종류가 있을까?', '온라인에서 하는 수업 아닐까?', '오프라인에서 하는 공부가 원격 수업이라니 무슨 말인지?', '컴퓨터 접속을 못하는 학생은 어떻게 원격 수업을 하는 걸까?' 원격 수업에 대한 이해가 부족하다 보니 학부모들의 궁금증이 이렇게 다양하다.

뿐만 아니라 요즘 학교 안내문이나 학교 수업에 대한 뉴스, 신문 기사를 보면 원격 수업, 비대면 수업, 온라인 수업, 쌍방향 수업, 단방향 수업, 콘텐츠 활용 수업 등 수업 방식에 대한 용어도 여러 가지다.

현재 학교 수업을 크게 보면 등교 수업과 원격 수업으로 나눌 수 있다. 처음 원격 수업이 도입되던 초기에는 학교 교사들 사이에서도 혼란이 많았다고 한다. 원격 수업은 가르치는 사람과 배우는 사람이 한 장소에서 만나지 않고, 다른 공간에서 교수, 학습활동을 하는 수업 형태를 의미한다. 한마디로 학교라는 물리적 공간에서 벗어난 곳에서 학생들이 학습하게 해 주는 것이 원격 수업이다. 대면하지 않기 때문에 다른 말로 비대면 수업이라고도 한다. 원격 수업에는 과제수행형 수업, 콘텐츠 활용 수업, 실시간 쌍방향 수업 세 가지 유형이 있다.

학교에서 이루어지는 수업은 형태에 따라 장단점이 있고 준비해야 하는 것들도 다르다. 또한 교사들의 디지털 활용 역량에 따라 플랫폼과 디지털 활용 도구들도 달라진다. 이에 대한 정보와 이해가 없으면 아무리 좋은 방식의 수업을 진행해도 정작 학생에게는 도움이 되지 못한다. 따라서 특히 저학년 학부모일수록 수업 진행 방식과 다양한 툴에 대한 이해가 필요하다.

과제수행형 수업

과제수행형 수업은 선생님이 온라인으로 학생들에게 자기주도적 학습이 가능한 과제를 제시하고 그것에 대해 피드백을 해주는 수업이다. 예를 들면 선생님이 독후감상문 쓰기나 학습지 풀기, 자료조사 등의 과제를 내주면 학생들은 그 결과물을 제출한다. 그리고 선생님은 과제물을 확인하고 피드백을 한다. 과제를 내줄 때 사용하는 프로그램으로는 위두랑, 구글 클래스룸, 클래스팅 등이 있는데 교사마다 활용하는 프로그램이 다르므로 앞서 안내한 내용을 참고하기 바란다.

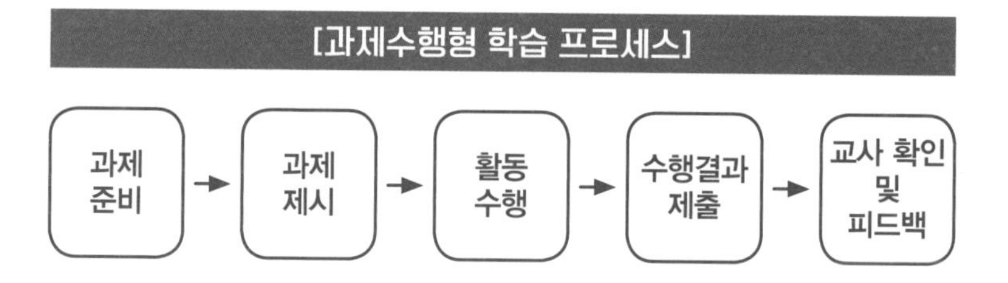

[과제수행형 수업 학습과제 예시-1학년 국어]

과제 제시	교사가 학습과제를 온라인 커뮤니티에 올린다. 초등학교 1~2학년의 경우 학부모의 도움을 받을 수 있다.
활동 수행	부모의 도움을 받거나 스스로 학습 과제를 수행한다. 최대한 혼자 힘으로 작성하게 하는 것이 중요하다.
수행 결과 제출	학생이 학습한 결과를 자신의 포트폴리오에 정리한다. 결과물을 스마트기기로 촬영하여 학급 커뮤니티에 올리도록 안내한다.
교사확인 및 피드백	교사는 학생이 작성한 학습 결과에 대해 피드백을 해준다. 학생 포트폴리오는 나중에 등교할 때 제출하여 전체적으로 피드백을 할 수도 있다.

과제수행형 수업에서는 자기주도적 학습이 가능한 과제를 제시하지만 실제로는 학생 스스로 하기 어려운 경우가 있다. 그래서 자녀가 과제수행형 수업을 받는다면 학부모는 과제를 무사히 업로드하기까지 살펴보는 것이 좋다.

콘텐츠 활용 중심 수업

콘텐츠 활용 수업에는 강의만 하는 형태가 있고 강의와 활동을 결합하는 형태가 있다. 강의형 수업은 학생이 녹화된 강의나 학습 콘텐츠를 시청하고, 교사는 학습 내용을 확인하여 피드백을 하는 수업이다. 강의+활동형은 학생이 학습 콘텐츠 시청 후 반 친구들과 댓글 등을 통해 원격 토론을 하는 수업이다.

이때 활용되는 학습 콘텐츠로는 EBS 강좌나, 유튜브 영상, 또는 교사가 자체 제작한 동영상 수업이 있다. 학생들은 이 영상을 시청하며 공부하고 이후 학급 밴드나 학급 홈페이지 댓글을 통해서 실시간 토론 등을 해볼 수 있다.

콘텐츠 활용 수업은 교사가 콘텐츠 학습과 관련된 질문을 게시판에 올리면 그 질문에 학생이 댓글을 다는 방식이다. 그 댓글에 선생님이 피드백을 해주는 것이다. 원격 수업의 많은 비중을 차지하는 형태이지만 교사의 즉각적인 피드백이 쉽지 않아 학생과 학부모의 만족도가 그리 높지는 않다고 볼 수 있다.

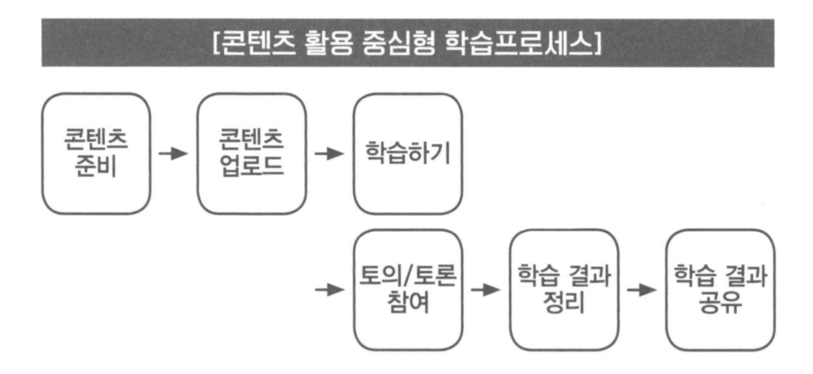

콘텐츠 활용 중심 수업 역시 e학습터, EBS 온라인클래스, 위두랑(디지털교과서) 같은 플랫폼을 활용하므로 이에 대한 활용법을 알아두는 것이 좋다. 또한 토론에 잘 참여하도록, 그리고 학습 결과를 배움 공책에 잘 정리하도록 도와준다.

콘텐츠 준비	교사 제작 콘텐츠, e학습터, EBS 온라인클래스 디지털교과서(학습이력 관리 가능), Youtube 영상 등
콘텐츠 만들어 활용하기	1. 문서 파일(한글, PPT, MS word 등)로 만들기 - 학습지, 활동지 등 2. 동영상으로 만들기 - 학습 내용 핵심 정리 등
콘텐츠 업로드	e학습터, EBS 온라인클래스에서는 이미 만들어 놓은 콘텐츠를 수정하여 사용 가능
학습하기	1. e학습터, EBS 온라인클래스, 위두랑(디지털교과서) 등에 학생들을 가입시켜서 수업 진행 2. e학습터, EBS 강의자료 링크를 학급 커뮤니티에 올리고 학습 결과를 확인할 수 있는 과제 제시 3. Youtube 등에 제작한 영상자료를 올리거나 필요한 영상 자료 링크를 학급커뮤니티에 올리고, 학습 결과를 확인할 수 있는 과제 제시
토의/토론 참여(필요 시)	학습콘텐츠에서 토의/토론이 필요한 경우 온라인에서 실시간 또는 게시판 기능을 활용하여 토의/토론 진행
학습 결과 정리	학습한 결과를 배움 공책 등에 정리하기 - 학교 등교 시 확인하여 피드백을 받을 수 있음
학습 결과 공유	학습 결과 정리한 것을 학급 커뮤니티를 통해 공유하고 친구 또는 교사에게 피드백 받기

실시간 쌍방향 수업

실시간 원격교육 플랫폼을 활용하여 교사와 학생들이 동시에 접속하여 실시간 토론 등의 즉각적 피드백이 이루어지는 수업이다. 교사의 얼굴만 화상으로 보이고 학생들과는 댓글로 소통하는 단방향 수업과, 교사와 학생들이 화상으로 얼굴을 보며 소통하는 쌍방향 수업이 있다.

쌍방향 수업은 교사와 학생이 화면에 모두 비춰지는 형태이므로 즉각적인 소통이 가능하다는 장점이 있다. 쌍방향 화상 수업에 활용되는 도구로는 줌, 구글미트, MS팀즈, 스카이프 등이 있다. 그런데 쌍방향 수업은 인터넷 환경이나 스마트 기기의 성능에 따라 학습 참여도가 달라지기도 한다. 환경과 성능이 따라주지 못하는 경우 오히려 학습효과가 떨어질 수 있는 것이다. 특히 줌이 널리 사용되므로 학부모도 줌 수업이 어떻게 이루어지는지 가까이서 살펴보는 것도 좋다.

단방향 수업의 경우 교사가 강의하는 수업에 적합하며 댓글로 학생과 소통할 수는 있지만 학생들끼리는 소통할 수 없다는 단점이 있다. 하지만 교사가 준비한 동영상을 올려주기 때문에 중간에 끊겨서 못 듣는 일은 없다. 중간에 이해되지 않거나 중요한 개념 등은 반복하여 들을 수 있다는 것도 장점이다. 단방향 수업은 배속을 조절할 수 있어서 필기가 필요하거나 중간에 화장실을 가고 싶다면 동영상을 정지시킬 수도 있다.

간혹 교사가 직접 제작한 영상을 두고 부모가 자녀 앞에서 이런 저런 평가를 하는 경우가 있다. 물론 사교육업체에서 올려주는 동영상과 비교하면 부족한 부분도 있을 것이다. 하지만 손쉽게 구할 수 있는 영상이 있음에도 교사가 직접 만들어서 수업에 활용하는 것은 그만큼 열정이 많다는 것이다. 따라서 영상의 질을 따지기보다 선생님이 전달하려고 한 내용을 중점에 두고 소통하는 태도가 바람직하다.

흥미를 유발하는 온라인 학습 활용 도구
교과 관련

《교실이 없는 시대가 온다》의 저자 존 카우치는 "무엇을 배우느냐보다 왜 배우느냐, 즉 동기부여가 더 중요하다"고 말한다. 그는 앞으로 교육자와 부모들의 주된 역할은 "아이가 잘하는 것과 배우고 싶어 하는 것을 결부시켜, 최적의 지점을 찾아내도록 돕는 것"이라고 강조한다. 온라인 학습이 일상화될수록 동기부여는 더욱 중요해질 것이다. 그런데 대부분 동기부여가 효과적인 학습의 전제조건이라는 점은 동의하지만, 어떻게 동기부여를 해야 하는지에 대해서는 어려워한다.

다음은 교과 관련 온라인 학습 플랫폼에 대한 안내이다. 본인의 성취 수준에 맞는 프로그램을 활용한다면 학교 공부에 재미를 붙일 수 있는 동기부여와 부족한 부분을 보충하는 데 도움이 될 것이다.

국어 및 독서활동을 위한 온라인 학습 활용

#초등 받아쓰기 앱

초등 저학년은 받아쓰기를 통해 글씨 쓰는 법도 익히고 맞춤법이나 띄어쓰기도 익힌다. 특히 저학년 한글 교육이 강화되면서 받아쓰기는 더 중요해졌다. 구글 플레이스토어에 가면 초등 받아쓰기와 관련된 앱들이 많이 있다. 학부모가 단어나 문장을 일일이 불러주지 않아도 전문 성우가 불러 주는 대로 스마트폰이나 공책에 받아쓰기를 할 수 있도록 구성되어 있다. 스마트폰보다 공책에 적는 것이 인지적인 면으로 더 도움이 된다고 하니 참고하는 것이 좋겠다.

받아쓰기 내용은 학년별, 교과서 단원별로 구분되어 있어 다양하게 활용할 수 있다.

수학 흥미 유발 및 연산활동을 위한 온라인 학습

똑똑 수학탐험대(https://toctocmath.kr)

아이들이 수학을 좋아하지 않는 이유는 어렵기도 하거니와 재미가 없기 때문이다. 초등기 수학에서 가장 중요한 것은 수학에 흥미를 갖게 하는 것이다. 똑똑 수학탐험대는 교육부와 한국과학창의재단에서 만든 인공지능형 학습 사이트로서, 초등학교 1, 2학년 학생을 대상으로 교과서를 기반으로 설계되었다. 게임을 하면서 수학 문제를 풀면 그 결과에 따라 학생 개개인에 맞는 처방이 내려진다. 답변을 분석·예측하여 수준에 맞는 콘텐츠를 각기 다르게 추천하는 것이다. 또한 탐험 활동을 통해 수학에 대한 흥미를 유발하고 개념 이해도를 판단할 수 있다. 게임뿐 아니라 개념과 원리를 쉽게 이해할 수 있는 그림을 활용해 단계적으로 문제를 제시하기 때문에 가정에서도 수월하게 진행할 수 있다.

똑똑 수학탐험대는 업데이트와 보안을 위해 크롬이나 네이버 웨일 또는 마이크로소프트 엣지에서 회원가입을 해야 한다. 보호자의 전화번호 인증을 통해 가입할 수 있고, 학교 교사가 사이트를 활용한다면 초대장을 받아서 가입할 수도 있다. 가입 후 스마트폰 어플로도 이용 가능하다.

EBS Math (http://www.ebsmath.co.kr)

EBS Math는 EBS에서 개발한 수학 자기주도학습 플랫폼으로 현재 초등 3학년부터 고등학교 3학년 과정까지 교과서 없이 배우는

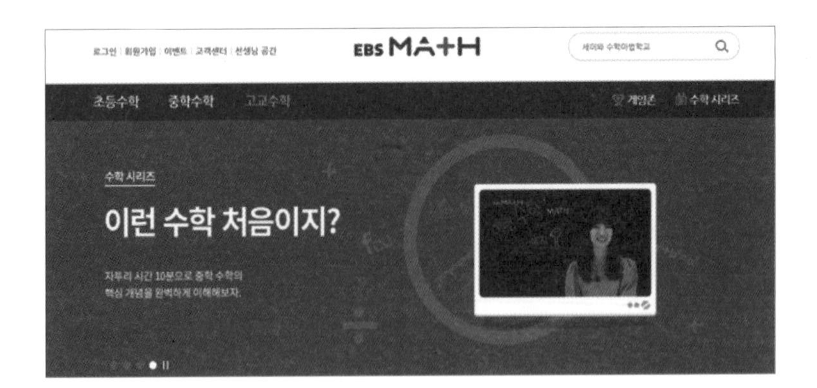

무료 사이트이다. 영상 카드, 문제 카드, 웹툰 카드, 게임 카드로 구성된 4가지 유형의 콘텐츠를 제공한다. 수학의 기본기를 탄탄하게 쌓을 수 있는 개념정리부터 심화문제까지 차근차근 배울 수 있도록 구성되었다. 특히 테마별 수학 시리즈에서는 수학적 원리를 영상과 게임, 웹툰을 통해 원리를 습득하도록 되어 있어 수학에 흥미를 잃은 학생에게 추천할 만하다.

일일수학

연산은 수학의 기본이라고 할 수 있다. 그런데 수학 개념이 어느 정도 잡힌 학생들도 연산력이 부족하여 제한된 시간에 문제를 풀지 못하는 경우가 있다. 이런 학생들에게 집에서 연산 문제를 출력하여 공부할 수 있는 사이트가 일일수학이다.

초등 1학년부터 6학년까지 학년별 진도에 맞춘 연산 문제를 무료로 제공해 주기 때문에 집에 프린터만 있다면 연산력을 다질 수 있는 문제들을 충분히 제공받을 수 있다.

인터넷 검색창에서 '일일수학'을 검색하면 메인 사이트로 들어갈 수 있다. 학년, 학기, 단원, 차시까지 선택할 수 있어 진도에 맞는 연산 문제를 출력하여 풀 수 있다. 같은 진도라도 학습 유형에 따라 다른 문제를 선택할 수도 있다. 보통 A형은 자릿수에 맞춘 계산을 할 수 있도록 칸이 그려져 나오고 B, C형의 경우 암산으로 풀 수 있도록 칸 없이 문제가 제공된다.

오른쪽 상단에서 '다른 문제지'를 클릭하면 계속해서 다른 문제를 제공받을 수 있으며, 파란색 '출력하기' 버튼을 누르면 문제지와 답안지를 출력할 수 있다. 답안지를 출력하지 않아도 시험지에 정답지로 이동하는 큐알 코드가 있기 때문에 편리하다.

사회, 과학 개념의 이해와 간접 체험을 위한 온라인 학습

사회 · 과학 요점 앱

사회와 과학 과목은 환경, 역사, 경제, 정치 등의 사회 전반 기초 지식과, 생물, 물리, 화학, 지구과학 등의 과학 전반에 걸친 기초 지식을 다룬다. 사회, 과학은 이해를 바탕으로 암기를 해야 하는 과목이어서 아이들이 힘들어하는 과목이다. '사회·과학 요점 앱'은 무료로 스마트폰에 다운받아 이동 시간이나 여유 시간에 암기에 활용할 수 있다. 초등 3학년부터 6학년의 교과서 단원별로 정리가 되어 있어 예습, 복습, 시험 대비용으로 다양하게 활용할 수 있다. 또한 핵심 키워드 기능이 있어 핵심 단어들을 가린 후 알아맞히는 연습도 할 수 있어, 암기나 반복 학습에도 효과적이다.

 # 사이언스 레벨업(http://sciencelevelup.kofac.re.kr)

'사이언스 레벨업'은 한국과학창의재단에서 운영하는 사이트이다. '과학상식 레벨업', 'AR·VR', '과학 클립'과 'O.D.I.Y'로 구성되어 있다.

'과학상식 레벨업'에서는 약 40편 이상의 과학 영상을 제공한다. 영상이 지루해지지 않도록 애니메이션 캐릭터와 과학 지식을 결합하여 제작한 것이 특징이다. '과학상식 레벨업'의 과학 액티비티에서는 자연과학에 대해 간접적으로 탐구할 기회가 주어지며, 해당 자료는 학교 수업에서뿐 아니라 학생들의 방과 후 학습활동 자료로도 이용할 수 있다.

'AR·VR'에서는 동물, 빛, 과학 문화유산, 자연 등 다양한 대상을 증강현실로 구현해 학생들이 실감 나게 관찰할 수 있게 한 콘텐츠

이다. 관찰이 끝난 후 배운 내용을 퀴즈로 다시 풀어보는 단계도 있다.

'과학 클립'에서는 주변에서 찾아볼 수 있는 과학 원리를 쉽게 재밌게 설명해준다. 예를 들면, '항공기의 분류', '전기전열 기구', '비행기의 주요 기록', '마그누스 효과' 등의 내용을 인포그래픽, 카드뉴스, 스낵동영상으로 보여주며 이해를 돕는다.

'O.D.I.Y'는 아두이노, 라즈베리파이, 비글보드, 갈릴레오 등 오픈소스 기반의 초소형 컴퓨터와 이를 활용하는 방법에 대해 쉽게 배울 수 있도록 약 10분 내외의 영상으로 제작되어있다. 영상에서는 실험을 단계별로 설명하기 때문에 컴퓨터에 대한 지식이 부족하더라도 따라하기가 어렵지 않다. 해당 영상을 보기에 앞서 준비물과 수업의 핵심내용도 요약되어 있어 유용하다.

흥미를 유발하는 온라인 학습 활용 도구
교과 외 기타

태어나면서부터 디지털을 접한 요즘 아이들은 웬만해서는 학습에 흥미나 호기심을 불러일으키기가 쉽지 않다. 시중에 나와 있는 게임이나 유튜브 영상들이 워낙 재미있고 자극적이다 보니 그만큼 둔감해진 것이다. 하지만 아이들이 게임이나 유튜브에 빠져 있다고 야단만 칠 것이 아니라 그들이 어떤 유형에 흥미를 느끼는지 알아보는 기회로 삼아보자.

다음은 교과 관련 외 독서나 예체능, 진로 관련 분야에서 자녀의 흥미 유발과 창의력 증진에 도움이 되는 사이트이다.

국립어린이청소년도서관(http://www.nlcy.go.kr)

독서는 초등기 아동에게 무엇보다도 중요한 활동이다. 초등 고학년만 되어도 교과 학습에 밀려 독서량이 많이 부족해지는 것이 사실이다. 그러므로 시간적 여유가 있는 저학년들이 독서 시간을 충분히 확보할 수 있도록 도와주어야 한다.

'다국어 동화 구연'은 국립 어린이 청소년 도서관에서 제공하는 동화 구연 사이트로서, 6개~9개 언어로 골라 들을 수 있다. 한국어, 영어, 몽골어, 베트남어, 중국어, 태국어가 기본이지만, 추가로 타갈로그어, 러시아어, 캄보디아어가 지원되기도 한다. 카테고리는 한국 전래동화, 외국 전래동화, 창작동화 인기동화, 전체동화 카테고리로 나누어져 있다. 도서관 이용이 힘들거나 학부모가 직접 읽어 주기 어려운 경우 활용하기 좋은 사이트이다.

국립중앙박물관/국립현대미술관

박물관이나 미술관은 직접 방문하여 둘러보는 것이 가장 좋다. 시간에 쫓기거나 다리가 아파서 다 둘러보지 못하고 나오는 경우도 있을 것이다. 전시물에 가까이 가지 못하게 제한되어 아쉬울 때도 있다. 하지만 온라인 전시관에 접속하면 시간제한 없이 자유롭게 방문할 수 있다. 단순히 사진으로만 볼 수 있는 것이 아니다. VR방식을 통해 전시관 현장에 들어가 있는 느낌으로 작품을 감상할 수 있다.

구글 아트앤컬쳐

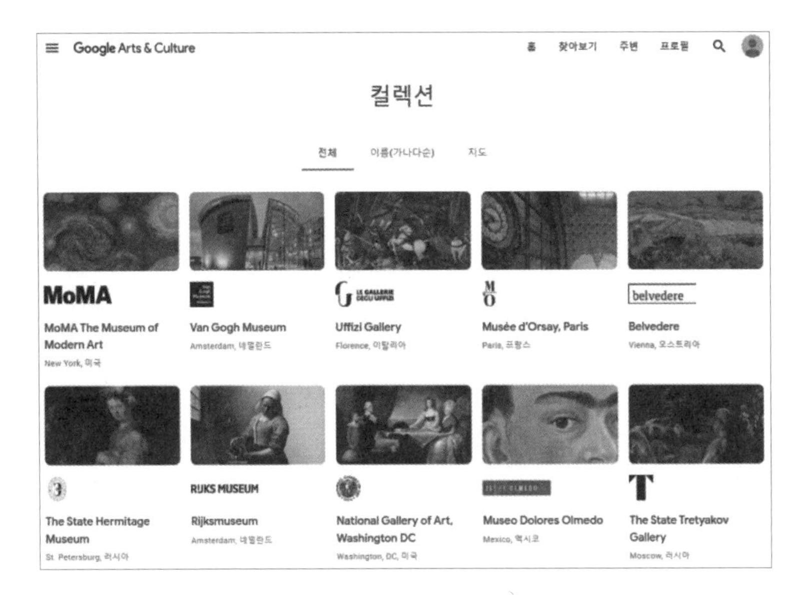

'아트앤컬쳐'는 전세계 예술작품을 무료로 감상할 수 있는 사이트다. 2012년 기준 151개 미술관이나 갤러리가 참여하여 그들이 보유하고 있는 3만 점 이상의 작품들을 고해상도로 제공하고 있다. 회화뿐 아니라 작품들을 설명해주는 오디오나 비디오 영상도 있어서 심층적으로 감상할 수 있다. 전체적인 구성은 '찾아보기', '컬렉

션', '테마', 아티스트, 역사적 사건 등 다양하게 이루어져 있는데, '컬렉션'에서 참가박물관을 둘러볼 수 있다. '테마'에서는 인공지능, VR 같은 도구들을 활용하여 박물관들의 기획 스토리, 구글 컬처럴 인스티튜트가 제공하는 수준 높은 기획물을 경험할 수 있다.

아트앤컬쳐는 학교 선생님들도 쌍방향 수업에서 많이 활용하는 사이트이며 앱으로도 제공된다. 자세한 활용법은 '충청남도 교육청 무선 인프라 관리 활용 자료'를 참고하면 좋다. 교과서에서만 보던 세계적인 예술품과 문화유산을 아주 세밀하게 볼 수 있어 예술에 관한 흥미를 불러일으키기 좋은 사이트이니 자녀와 함께 활용해 보길 추천한다.

함께 놀자.com

'함께 놀자'는 경기도 교육청에서 만든 사이트로 학습에 초점이 맞춰져 있는 다른 플랫폼과 달리 다양한 놀이를 할 수 있는 곳이다. 학년에 따라 놀이 활동이 나누어져 있고 가족과 함께 하는 놀이, 혼자 할 수 있는 놀이도 있다. 특히 실과 실습과 병행할 수 있는 집밥

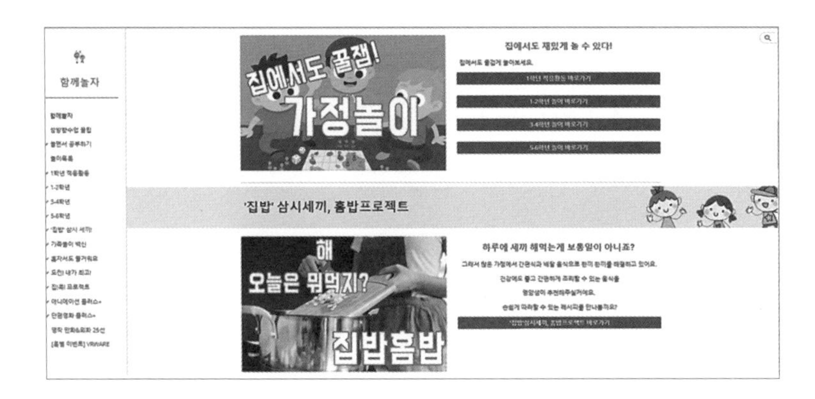

만들기 영상도 있어 학부모와 함께 하기에도 부담이 없다. 이뿐만 아니라 애니메이션이나 단편영화, 명작 만화 등의 콘텐츠도 있어 지치기 쉬운 학습에 꿀맛을 제공한다.

주니어 커리어넷 홈페이지

초등 고학년이 되면 서서히 진로에 대한 고민이 시작된다. '주니

어 커리어넷'의 진로상담 코너에서는 1:1 맞춤형 상담 서비스를 제공하고 있는데, 초등학생이 진로상담을 신청하면 전문가로부터 맞춤형 상담 서비스를 제공받을 수 있다. 아이가 진로를 고민하고 있다면 한번 들러보는 것도 좋을 것 같다.

흥미 탐색 서비스를 통해 흥미와 적성을 알아본 뒤, 이를 통해 자신의 가치관과 관심사를 반영한 진로를 탐색할 수 있게 도와준다.

자기 이해를 바탕으로 미래 사회 및 직업 세계를 알아볼 수 있는 '진로 정보를 찾아봐요'와 삶의 가치와 교훈을 쉽고 재미있게 풀어놓은 다큐멘터리 '주니어 진로 동영상'도 있다.

'주니어 직업정보'에서는 자신의 성격과 비슷한 유형을 클릭하여 관련된 직업군을 볼 수 있다. 희망하는 직업이 실제로 어떤 일을 하고, 어떻게 준비해야 하며, 어떤 적성이 필요한지를 보여주는 항목이다. 마지막으로 '미래 직업정보'에서는 건강, 의식주, 에너지 등 다양한 테마와 관련하여 주목받게 될 미래의 직업정보를 제공한다.

학년별 온라인 자기주도학습 HOW TO

지금까지 학부모들의 고민이 '어떤 학원에 보내야 하나, 어떻게 공부시켜야 하나'였다면, 이제는 언제 어디서든 학습의 공간을 열어주는 것이 온라인이라는 것을 인식하고 자녀가 여기에서 '어떻게 자기주도학습 능력을 키울 수 있을 것인가'가 되어야 한다.

1학년
공부 호기심, 기초 공부 습관

초등 1학년은 아이에게는 12년간 계속되는 학교생활의 첫 단추를 채우는 시기이며, 부모에게는 밀착 돌봄에서 한 발짝 떨어져야 하는 양육의 터닝 포인트이다. 아이의 초등학교 입학을 기점으로 부모는 '진짜 학부모'가 된다.

그러나 예비 초등학생 학부모들은 불안하고 초조하다. 입학하기 전에 한글을 다 떼야 하는 건지, 영어 공부는 언제부터 시작해야 하는지, 곱셈구구단은 언제 외워야 하는지, 아직 어리다고 이렇게 마냥 놀게 내버려 둬도 되는 건지…….

교육전문가의 책을 읽고, 강연을 듣고, 교육 관련 카페에 가입하고, 주위 엄마들에게 물어봐도 불안은 사라지지 않는다. 아이가 초등학교에 입학하고 난 뒤에도 마찬가지다. 아이가 학교 수업은 잘 따라가고 있는지, 과제와 발표는 잘 해내고 있는지, 예체능 학원 대신 영어나 수학 학원에 보내야 하는 건 아닌지, 방과 후 학교 프로그램은 어떻게 활용해야 하는지, 모든 게 걱정이다.

엄연한 학생이지만 아직도 어리광이 남아 있고 하나하나 챙겨줘야 할 것 같은 1학년 아이, 늘 옆에 끼고 있었기 때문에 잘 알고 있는 것 같지만, 막상 학교에 보내놓으니 아이의 엉뚱한 행동이 걱정되기도 한다. 이런 불안감을 해소하려면 먼저 1학년 아이의 신체적, 정서적, 인지적, 사회적 특징을 이해해야 한다.

1학년 아이의 특징 살펴보기

1) 신체적 특징

근육이 강화되면서 움직임이 굉장히 활발해지는 시기이며 유치를 갈게 된다. 소근육과 균형감이 발달하지만 아직은 연필 쥐는 것을 힘들어하며, 잘 넘어지고 자기방어를 잘 하지 못한다. 구체물을 사용하는 조작 활동을 좋아하기 때문에 블록 맞추기 등을 즐기기도 한다.

소근육을 키우는 여자아이에 비해 남자아이는 대근육을 키우기 때문에, 움직임이 더 활발해서 산만해 보이기 쉽다. 반면 여자아이는 좀 더 차분하면서 집중력이 강하고 섬세한 측면이 있다. 이러한 신체발달의 차이는 고학년으로 올라가면서 대부분 비슷해지므로 너무 걱정하지 않아도 된다.

2) 정서적 특징

초등학교 1학년의 집중 시간은 적게는 15분, 길어봐야 30분을 채 넘지 않는다. 학교 수업 40분을 움직임 없이 앉아 있는 것은 아이들에게 쉽지 않은 도전이다. 학년이 올라갈수록 집중 시간은 자연스럽게 늘어나지만 자녀가 유난히 산만하다면 유의해서 살펴볼 필요가 있다.

예를 들어, 수업 중에 교실을 혼자서 돌아다니거나 차례를 무시하진 않는지, 선생님이 말하는 사이에 불쑥 끼어들어 방해하지는 않는지, 하고 싶은 일을 못하게 하면 잠시도 참지 못하고 생떼를 쓰는 건 아닌지 집에서도 관찰해보고, 담임 선생님에게도 알아볼 필요가 있다.

초등 1학년 아이는 부모의 품을 떠나 학교에 가면 갖가지 과제에 직면하게 된다. 그 과제를 하면서 즐거움과 분노, 불안, 고통 등 다양한 감정을 경험하게 된다. 무엇보다도 학교라는 작은 사회에 적응하지 못할까 봐 두려움과 불안을 많이 느낄 것이다. 아이의 정서적 안정을 위해서 부모의 지지와 격려가 그 어느 때보다 중요한 때가 바로 초등학교 1학년 시기다.

3) 인지적 특징

호기심이 왕성하여 궁금한 것도 많고 그래서 질문도 많다. 크기에 대한 감각이 부족하고 사물의 시각적인 크기를 감지하는 데 서툴기 때문에, 손이나 연필 같은 사물을 똑같은 크기로 그려보게 하는 등의 방법으로 감을 길러주면 좋다. 시간관념이 아직은 미숙해서 먼 미래를 내다보고 행동하기보다는 현재를 중심으로 생각하며 생활 반경도 좁은 상태이다.

사실과 상상을 제대로 구별하지 못하고 거짓말을 잘한다. 순간적으로 자신의 머릿속에서 떠오른 것과 실제 사실을 혼동해서 이야기하기도 한다. 친구의 물건 중 갖고 싶은 게 있으면 그 물건을 자기 것으로 상상하여 가져가는 경우도 있다. 자녀가 그런 행동을 보인다면 무조건 야단을 칠 일이 아니라 대화를 통해 해결하는 것이 좋다.

규칙에 따른 행동을 좋아하고 마음에 드는 책은 몇 번이고 반복해서 읽는다. 자연스러운 과정으로 받아들이고, 그 책을 통해 상상의 나래를 펼치도록 도와주는 것이 좋다.

4) 사회적 특성

초등학교 5~6학년 교실과 1~2학년 교실의 가장 다른 점 중 하나가 바로 '남의 일에 대한 관심' 여부이다. 초등학교 1학년 교실에서는 아이 하나가 다치면 아이들이 우루루 달려오지만 5학년 정도 되면 그런 모습을 찾아보기는 힘들다. 그만큼 1~2학년은 주변 환경에 민감하게 반응하고 친구들과의 경쟁도 심하다. 그래서 무슨 일이든 가장 빨리, 가장 먼저 하는 것이 칭찬받는 일이라 생각한다. 그래서 꼼꼼하고 정성스레 천천히 하는 아이들이 주눅 드는 경우도 있으므로 자신감을 잃지 않도록 살펴주어야 한다.

아직 유아기의 자기중심적인 사고가 남아있는 1학년 아이들은 관심을 받기 위해 친구의 잘못을 선생님이나 부모님에게 말하기를 좋아한다. 이로 인해 싸움이 일어나더라도 쉽게 풀리는 나이이므로, 유연하게 받아들이는 자세가 필요하다.

1학년 온라인 자기주도학습 HOW TO

학교는 즐거운 곳!

초등학교 1학년 1학기까지 부모가 신경 써야 할 최대 과제는 아이가 사회적인 규칙에 잘 적응하도록 돕는 것이다. 공부는 그 후의 문제이다. 학교 규칙에 적응하지 못한 학생은 공부를 잘하기 어렵다. 공부 역시 학교가 정해놓은 규칙이기 때문이다.

초등학교에 갓 입학한 아이들은 유치원에서는 먹히던 투정이나 요구사항이 엄격하게 제한되는 상황을 겪으면서 심리적인 스트레스를 많이 받는다. 수업 시간에 꼼짝하지 않고 앉아 있어야 하고, 글씨도 줄에 맞춰 반듯하게 써야 하며 배가 고파도 점심시간이 되기 전까지는 참아야 한다. 겨우 8살밖에 안 된 아이들에게는 무척 힘든 일이다.

부모 입장에서는 아이가 학교에 들어갔으니 본격적으로 공부해야 한다는 생각에 학습에 관심을 두게 되는데, 그것보다는 규칙에 잘 적응하면서 즐겁게 학교생활을 하도록 도와주는 것이 우선이다. 안정적으로 적응해야 공부에도 눈을 돌릴 수 있기 때문이다.

공부 호기심

이스라엘에서는 초등학교에 입학하면 교사가 꿀로 알파벳을 22자를 써 아이들에게 핥게 한다. 그리고 이제부터 배우는 모든 것은 이 22글자가 출발점이 되며 그것이 꿀처럼 달다고 말해준다. 입학 첫날, 배움 자체가 즐거움이라는 것을 몸으로 느끼게 해주는 것이다. 이처럼 꿀맛 같은 호기심으로 학교생활을 시작하니 노벨상 수상자의 25%를 유대인이 차지하는 것은 어쩌면 당연한 결과인지도 모른다.

아이의 지적 호기심은 부모가 어떻게 반응하느냐에 따라 다른 결과를 낳을 수 있다. 이것저것 관심이 많고 질문이 많은 아이에게 산만하다고 나무라거나 엉뚱한 질문이라고 무시한다면 아이의 호기심은 차차 시들 것이다. 게다가 자리에 가만히 앉아 공부만 하라고 강요한다면 아이는 호기심이 나쁜 거라고 생각하게 된다. 그 결과 지적 호기심은 조금씩 약해지다가 결국 사라지고 만다. 그때부터 아이에게 공부는 고역이 될 것이다.

호기심이 강한 아이는 좀 더 광범위한 시각으로 세상을 보며, 온몸으로 이 세상을 느끼려고 한다. 호기심이 채워질 때까지 끈질기게 관찰하고 작은 것도 놓치지 않으며, 만족스러운 해답을 찾을 때까지 포기하지 않는다. 이런 공부 호기심이 바로 자기주도학습의 기본이 되는 씨앗이다. 1학년은 공부 호기심을 심어줄 수 있는 아주 좋은 정서적, 인지적 특성이 있다. 따라서 가정에서도 학습에 대한 부담감보다 지적 호기심을 키울 수 있는 환경을 만들어 줘야 한다.

온라인 학습에서도 호기심은 무척 중요하다. 부모의 욕심으로 지식을 쌓는 데만 신경을 쓴다면 아이가 흥미를 잃는 것은 순식간이다. 그렇다고 호기심을 충족시켜 주기 위해 모든 콘텐츠에 무조건 노출시키는 것은 다소 위험하다. 1학년 아이들은 아직 부모에게 의존적이며 자신에게 맞는 콘텐츠가 무엇인지 판단하기 어렵기 때문이다. 따라서 아이가 좋아할 만한 콘텐츠를 찾아보고 함께 보면서 격려를 해주는 것이 필요하다.

기초 학습 습관과 온라인 학습 규칙

1학년의 기초 학습 습관을 만드는 데 중요한 것은 부모의 균형감각이다. 너무 앞서가려 해서도 안 되고, 너무 뒤처져서도 안 된다. 너무 무관심해서도 안 되고, 너무 민감하게 관심을 보이는 것도 곤란하다. 좋은 학습 습관은 하루아침에 만들어지지 않는다. 다른 학년에 비해 인내심을 가지고 지도하는 것이 필요하다.

학교생활에 적응하는 게 1차 과제이긴 하지만 그와 더불어 학습 기초습관을 기르는 것도 중요하다. 그래서 40분 공부하고 10분 쉬는 학교 수업 패턴에 익숙해지도록 준비시켜야 한다. 처음부터 감당하기 힘든 학습량과 시간을 요구하면 아이는 무기력증에 빠질 수 있다. 귀가 후 45분 학습을 일주일간 해보게 하는 것도 한 가지 방법이다.

국어 15분, 수학 15분, 남은 15분은 다른 과목을 고루 분배하여 교과서 위주로 계획을 세워보는 것도 좋다. 단, 부모는 아이가 이 시간 동안 어느 정도 집중하는지를 구체적으로 체크해야 한다. 온라인 학습에서도 마찬가지이다. 아무리 유용한 콘텐츠라도 시간을 분배하여 쉬는 시간을 주고, 한 과목에만 치우치지 않도록 잘 살펴보아야 한다.

아이가 스스로 하는 것을 힘들어 한다며 숙제도 처음부터 끝까지 도와주고 준비물도 다 챙겨주는 부모도 많다. 그것에 익숙해진 아이는 조금이라도 문제가 생기면 부모 탓을 하게 된다. 입학하게 되면 습관은 오롯이 아이의 몫이다. 그렇다고 느닷없이 "이제 네 스스로 해봐"라며 던져주는 것도 너무나 무책임하다. 이런 방식은 자칫 좌절감을 안겨 줄 수도 있다.

아이가 집에 오면 알림장을 함께 확인하며 하나씩 체크하는 방법을 보여주는 것이 좋다. 그러면서 점차 스스로 챙기는 것이 습관이 되도록 격려해 주어야 한다. 처음에는 답답하고 시간도 오래 걸리겠지만, 1학년 때 습관을 잡아주지 않으면 학년이 올라갈수록 더 어려워진다.

학습에 부담을 느끼고 있는 아이라면 재미있고 쉽게 할 수 있는 앱을 활용해 보자. 앞서 안내했던 수학 앱이나 받아쓰기 앱도 괜찮다. 다만 온라인 학습에만 의존하면 기본적인 한글 쓰기나, 숫자 쓰기가 힘들어질 수 있으므로 지면 학습과 병행하는 것이 바람직하다.

기본적인 습관이 잡힌 후 받아쓰기와 수 개념 형성, 연산 연습 등이 꾸준히 이루어진다면 학습 결과가 좋아지는 것은 당연하다. 그러면 아이는 1학년 학교생활에 자신감을 갖게 될 것이다.

2학년 배려와 절제, 독서 습관

초등 2학년이 되면 자녀가 학교생활에 어느 정도 적응했다는 것을 느낄 수 있을 것이다. 이제는 스스로 책가방을 챙기고 알림장을 보며 준비물이 무엇인지 엄마에게 먼저 알려주고 준비를 부탁하기도 한다. 친구가 생기고 종종 그 친구에 대해 이야기할 정도가 되면 부모로서는 일단 큰 걱정을 덜게 된다.

초등학교 2학년은 규칙을 지키는 데 재미를 느끼고, 규칙을 지키는 자신을 자랑스러워하는 시기이다. 따라서 생활 습관이나 학습 습관, 그 밖에 아이가 반드시 갖춰야 할 습관이 있다면 이 시기를 놓치지 말아야 한다. 특히 다른 사람을 배려하는 태도와 학습을 방해하는 유혹을 이겨내려는 자세가 중요하다. 또한 독서 습관을 잡아가기 좋은 시기가 2학년이다. 다음은 2학년에서 볼 수 있는 신체적. 정서적, 인지적, 사회적 특징이다.

1) 신체적 특성

몸 움직이는 것을 좋아하며 박수를 치거나 달리기를 하는 것만으로도 좋아한다. 넘치는 신체 에너지를 적절히 분출할 수 있도록 방과 후에 신체활동을 하는 시간을 마련해두는 것이 좋다. 특히 남자 아이들은 에너지를 억누르면 수업 시간에 집중력이 떨어지고 산만해지기가 쉽다. 또한, 1학년에 비해 몸 장난이 심해지면서 서로 다툼이 일어날 우려가 있기 때문에 미리 주의를 주고 관심 있게 지켜보아야 한다.

동작이 빨라지고 손기술이 늘어나 섬세하게 색칠할 수 있고, 복잡한 모양도 오릴 수 있게 된다. 운동 기능이 발달하고, 눈과 손의 협응 작용이 크게 발달하여 실로폰을 칠 때 정확하게 그 음을 칠 수 있다. 운동 기능이 서투른 학생은 집단 활동에서 소외되거나 열등감을 갖기 쉬우므로 운동 기능도 적절히 발전시켜줄 필요가 있다.

한편 기초 면역력이 아직 약하기 때문에 손 씻기, 양치하기 등 기본 청결 규칙을 잘 지키도록 지도해야 한다. 또한 몸을 많이 써서 피로를 쉽게 느끼므로 적당히 휴식을 취하게 한다.

2) 정서적 특성

2학년 아이는 칭찬에 대한 반응과 민감도가 모든 학년 중에 제일 크다. 어른들의 인정을 받기 위해 선생님이나 부모님이 좋아하는 행동을 하려 노력하고, 친구나 형제자매에게 칭찬을 뺏기지 않으려 애를 쓴다.

놀이를 좋아하는 시기이므로 게임처럼 즐거운 놀이 학습이 효과적이라 하지만, 너무 상업문화에 물들지 않도록 적절하게 규제하는 것도 필요하다.

감정이 자주 변하고, 아직은 한 가지 일에 진득하게 집중하지 못한다. 또래들과 어울릴 때도 감정적으로 행동할 때가 많고, 칭찬받으려는 욕구는 강하나 교사나 친구와 쉽게 친해지지 않는 아이도 있으니 자녀가 혹시 그렇지 않은지 살펴보아야 한다.

3) 인지적 특징

1학년보다 집중력이 생기긴 하지만 당연히 개인차가 있다. 조용히 혼자 책을 읽을 수 있는 기회를 줘서 얼마나 오래 집중할 수 있는지 살펴보면 집중력을 어느 정도 파악할 수 있다. 대부분은 집중력이 길지 않기 때문에 적절한 지도가 필요하다.

1학년 때와 달리 사실과 상상을 구별하기 시작하고 주변을 좀 더 구체적으로 관찰할 수 있다. 호기심이 왕성해지고 질문이 많아지며 언어 표현력이 좋아지고 상상력과 창의력이 풍부해진다. 1학년 때는 질문이 주제에서 많이 벗어나고 엉뚱하기도 했다면, 2학년 때는 조금씩 주제에 가까운 질문을 하기 시작한다. 또한, 미술을 통한 표현을 즐기는 학년이므로 학교나 집에서 만든 작품을 벽에 걸어주면 자존감이 높아진다.

자제력이 발달해 규칙을 지키는 것에 즐거움을 느끼는 시기로, 좋은 습관을 길러줄 수 있는 적기이다. 놀이에 대해 관심이 높아서 놀이의 규칙을 설명해주면 이해도가 높다. 하지만 결과에 집착하는 경향이 있으므로 과정에 참여하는 기쁨을 느끼게 해주는 것이 중요하다.

추상적인 숫자를 이해하기 시작해서 숫자를 활용한 놀이나 계산이 가능해지는 시기이기도 하다. 시간 개념이 좀 더 확실해지고 날짜에 대한 인식도 생긴다. 1학년 아이는 어제의 일도 '옛날에'라는 표현을 쓰는 경우가 많지만 2학년이 되면서 어제, 오늘, 내일을 구분해서 쓰고 시간 약속의 의미를 구체적으로 이해한다.

4) 사회적 특성

혼자만의 놀이에서 벗어나 차츰 협동적이고 조직적인 놀이를 즐기게 되면서 행동이 개인적 성향에서 사회적 성향으로 변하는 단계이다. 남녀 구별 없이 잘 어울리며 물건을 갖고 놀기를 좋아한다. 경쟁심이 강하여 잘 싸우기도 하지만 금세 풀어진다. 우는 아이가 줄어들며 자신의 상황을 부모님에게 말로 설명한다. 친구들끼리의

싸움도 울거나 이르기보다 알아서 해결하는 경우가 많아진다.

호감이 가는 친구의 요구를 들어주고, 잘해 주려고 노력한다. 모둠 활동에서 활발하고 다른 친구의 의견을 잘 받아주는 아이가 인기가 많고, 자기 취향에 맞는 친구에게 집착하면서 다른 친구를 따돌리는 부작용이 나타날 수도 있으므로, 친구를 배려하면서 함께 어울려 놀 수 있도록 유도해야 한다.

2학년 온라인 자기주도학습 HOW TO

배려와 절제

1학년은 학교생활 자체에 적응하는 시기라면, 2학년은 학급이라는 공간에서 이루어지는 다양한 사건과 그 문화에 적응해야 하는 시기이다. 아이들이 기본 학습 및 생활 습관을 길러 개인적으로 성장하는 것도 중요하지만, 공동체 구성원으로서 사회적 성장을 이루는 것도 이 시기에 필요한 발달과업이다. 이 과업을 위해 중점을 두어야 할 태도가 배려와 절제이다.

이 시기에는 본인은 자기중심적이면서도 자신에게 잘해주고 배려해 주는 아이를 좋아한다. 부모도 아이에게 다른 친구와 잘 지내려면 자기가 원하는 바를 모두 고집하면 안 된다는 것을 이해시켜야 한다. 다른 사람에 대한 태도는 교우 관계에 큰 영향을 미치므로 자녀가 학교에서 자신감 있게 생활하기를 원한다면 가정에서 배려와 절제에 대한 충분한 훈련이 있어야 한다. 가족끼리 대화할 때 상대방의 말이 다 끝난 후 말하게 하고, 부모도 아이의 말을 중간에 끊지 말고 끝까지 들어주어 배려를 생활에서 익히게 한다.

텔레비전을 보거나 컴퓨터 게임, 스마트폰을 하고 싶을 때는 반드시 허락을 받게 해야 한다. 요즘은 워낙 텔레비전, 컴퓨터, 스마트폰 게임의 유혹이 강해서 저학년 때 절제하는 습관을 들여놓지 않으면 고학년이 되어 무섭게 빠져든다. 더군다나 학년이 올라갈수록 자기가 시간을 관리해야 하는데 이때 웬만한 의지로는 이러한 유혹에서 벗어날 수 없다. 따라서 텔레비전과 컴퓨터, 스마트폰 등에 대해서만큼은 처음부터 부모가 강한 원칙을 적용해야 한다.

스스로 학습을 유도하고, 기초를 튼튼하게

2학년이 되면 부모는 아이가 스스로 공부하기를 바라면서도 걱정을 떨쳐버리지 못해 감시와 검사를 하게 된다. 하지만 이 시기에는 적당한 관심을 유지하되, 아이가 스스로 공부를 할 수 있도록 독립심을 키워주는 것이 필요하다.

1주일에 두세 번은 혼자서 공부하도록 유도하는 것이 좋다. 물론 처음부터 알아서 잘하는 아이는 없다. 부모가 자신을 믿고 있다는 것을 느끼면 아이는 몇 번의 실패 속에서 점차 자신을 컨트롤할 수 있는 방법을 터득하게 된다.

2학년이 되면 아이들은 서서히 공부에 대한 개념을 갖게 된다. 그러므로 하나를 알려주더라도 제대로 알려주는 것이 중요하다. 단, 아직 추상적 인지능력이 발달하지 않았기 때문에 원리를 찾아내는 것보다는 많이 보고 듣고 느끼게 하면서 지식과 정보를 습득하게 하는 것이 효과적이다. 또 단순 암기력이 발달하는 시기이므로 구구단, 알파벳, 속담 등을 외우게 하면 좋다. 이런 활동들은 뇌 기능 활성화에도 도움이 된다.

공부 시간도 60분으로 늘려본다. 조금 구체적으로 계획을 세우게 하여 국어, 수학, 영어를 각각 20분씩 꾸준히 공부하게 한다. 금요일은 다음 날 수업에 대한 부담이 적으므로 60분+60분으로 학습 시간을 정해 세 과목 이외에 아이가 좋아하는 과목에 30분을, 동시 쓰기나 그림 그리기 등 특기가 될 만한 활동 30분을 시도해 보는 것도 좋다.

그러나 아이에게 부담감을 줘서는 안 된다. 반드시 매일 해야 한다는 강박을 갖기보다는 일주일에 3일만 잘해도 된다는 생각으로 지도해야 한다. 조급한 마음에 아이를 다그치기보다는 물질적 보상(간식, 용돈), 활동적 보상(외식, 쇼핑), 사회적 보상(껴안아 주기, 칭찬하기) 등 긍정적인 피드백으로 시너지 효과를 높이는 방식이 필요하다.

 # 독서 습관 들이기

초등 2학년 때는 혼자서 책을 읽는 습관을 길러주는 게 가장 중요하다. 이를 위해 자녀의 관심 분야를 시작으로 점점 다양한 분야의 책을 접하게 하는 것이 좋다. 어렸을 때 부모가 읽어줬던 책 중에서 특별히 좋아하는 책을 혼자서 읽게 하는 것도 괜찮다. 한 번 본 책을 여러 번 읽는 것은 어휘 익히기와 읽기 유창성 향상에 효과적이기 때문이다. 자녀가 소리 내어 책 읽는 소리를 녹음해 들려주면 흥미도 끌 수 있고, 좋은 문장과 내용을 기억하도록 정독하는 습관을 키워주는 데도 효과적이다.

물론 이때에도 아이가 원하면 책을 읽어주어야 한다. 하지만 점차 혼자서 읽는 습관을 들여 주는 것이 필요하다. 섬세한 그림, 짧은 문장, 반복되는 문장으로 이루어진 책을 골라 주어 읽기의 즐거움을 맛보게 하면 좋다. 독서에 흥미를 갖도록 동화 구연 앱이나 독서 관련 사이트를 활용하는 것도 한 가지 방법이다.

이 시기는 그림 중심에서 활자 중심으로 넘어가는 과도기이다. 발단 부분이 지나치게 길면 지루해할 수 있으므로 도입부가 짧은 이야기책이 좋다. 선과 악이나 진실과 허위, 현명과 우둔, 정의와 불의 등 도덕성이 명백한 책을 선호하는 경향이 있으므로, 주제가 뚜렷한 책을 추천해 주는 것이 좋다. 또한 만화에 대한 관심이 높아지는 시기이므로 균형을 잘 잡을 수 있도록 세심한 주의가 필요하다.

책을 읽고 난 후에는 자신의 감상을 자유롭게 표현하도록 도와주는 것도 중요하다. 눈으로 보고 만지고 느낄 때 가장 빨리 사물을 인식하는 시기이므로 오감을 자극하는 직접적이고 다양한 활동이 필요하다. 또한 구연동화, 역할놀이, 독후감상화, 만들기, 글쓰기에 대한 지도도 필요하다. 이때, 쓰기에 대한 부담이 생기지 않도록 글쓰기 자체에 집중하기보다 책을 읽고 난 후의 느낌을 이끌어내는 데 중점을 두어야 한다.

3학년
또래 집단 사회성, 공부 습관 다지기

본격적으로 학생 티가 나는 3학년, 오후 수업 시간도 늘어나고, 놀이 위주의 수업을 하던 1, 2학년 때와는 달리 공부량이 늘어나는 시기다. 이때는 무리하게 학원을 보내 공부량을 늘리는 방법보다 아이의 학습 상태와 적절한 공부량을 체크하면서 학습 속도를 조절하는 게 중요하다. 공부에 자신감이 떨어진 아이라면 학교 수업 시간에 잘 집중하는지를 확인할 필요가 있다. 집중에 문제가 없다면 복습과 동시에 다음 날 배울 내용을 간단하게 읽어 보고 가는 정도의 예습이 자신감 회복에 도움이 된다.

또래 집단의 영향력이 점점 커지는 시기이며, 남학생은 대체로 신체적이고 움직임이 많은 활동을, 여학생은 단짝이나 또래 집단과 어울리는 것을 더 좋아한다. 혹시 단체 놀이에 잘 어울리지 않는 아이라면 학교에서의 생활을 주변 친구나 담임교사와의 상담을 통해 자세히 파악하는 것이 필요하다.

다음은 3학년에 나타나는 신체적, 정서적. 인지적, 사회적 특징이다.

1) 신체적 특징

개인별로 차이가 있지만 3학년 2학기 즈음부터 여학생의 신체 발달이 시작된다. 체격이 커지면서 사이즈가 큰 옷을 입고, 죄는 옷을 싫어하며, 가슴이 생기면서 작은 스킨십에도 아파한다. 따라서 옷을 구입할 때는 조금 넉넉하게 구입하고, 몸의 변화를 자연스럽게 받아들이도록 여유 있는 태도를 보여주어야 한다.

비만아가 늘고 신장 차이가 벌어지기 시작한다. 일곱 살에 입학한 아이의 경우 두드러지게 작아 보여 스트레스를 받을 수도 있으므로 자녀가 체격이 왜소하다면 특별히 신경을 쓰도록 한다.

근육을 써야 하는 게임이나 운동에 흥미를 느끼게 되는데 대부분 대근육 놀이는 잘하나 소근육 활동(세밀한 오리기나 붙이기, 복잡한 선 그리기, 종이접기 등)에서는 개인차를 보인다. 손끝 운동의 정확성, 치밀성이 발달하여 약간 작은 글씨를 쓰게 되고 여학생은 천의 마름질, 바느질 등을 할 수 있게 된다.

2) 정서적 특성

3학년이 되면서 남녀의 관심 방향이 달라진다. 여학생은 외모나 미에 관심을 두는 반면, 남학생은 공격적인 컴퓨터 게임이나 축구 같은 동적인 활동을 즐긴다. 밤새 게임 한 남자아이, 쉬는 시간에도 나가 축구하는 남자아이, 연예인에게 빠져드는 여자아이 등이 눈에 띄기 시작한다. 한 가지 일에 집중하려는 성향도 이때쯤 강해진다.

이성에 대한 관심도 서서히 싹튼다. 좋아하는 이성상이 좀 더 구체화되며, 좋아함을 표현하는 행동도 선물을 주거나 커플링을 하는 식으로 분명해진다. 같은 반 안에서 교제가 이루어지고 친구끼리 상대가 누구인지를 알아맞히기를 좋아한다. 가정에서는 이성 친구에 대해 자연스럽게 물어보면서 관심을 가져주는 것도 필요하다.

3) 인지적 특징

앎의 즐거움을 느끼는 시기로 새로운 지식에 대한 열의가 샘솟는 시기이다. 사물에 대한 관찰력도 높아져 꽃이나 나무 같은 것들을 제법 능숙하게 그린다.

지리적 공간 개념은 아직 부족하다. 학교와 자주 다니는 몇 곳을 제외하고는 공간을 넓게 파악하지 못한다. 사회 교과 시간에 우리 고장에 대해 배울 즈음, 주말을 이용해 그 지역의 유적지나 문화적 가치가 있는 곳을 함께 방문하는 것도 좋다.

글씨를 쓸 때 글자 하나하나에 공들이지 않고 대충 흘려 쓰는 아이가 많다. 요즘 아이들은 특히 스마트 기기와 컴퓨터 자판에 익숙하기 때문에 글씨 쓰는 자세나 연필 잡는 법을 제대로 못 배운 경우가 많은데, 더 늦기 전에 반드시 교정할 수 있도록 신경 써야 한다.

4) 사회적 특징

질서 의식이 싹트면서, 모둠원끼리 역할을 나누고 협력하는 데 익숙해진다. 모둠의 리더 역할이 분명해지며, 다른 모둠보다 잘하기 위해 서로 노력하기도 한다.

또래 집단의 영향력도 강해진다. 대개 3~6명씩 또래 집단이 형성되기 시작하고 여럿이서 친구 집에 놀러 다니기도 한다. 여자아이들은 화장실도 함께 가는 등 남자아이들보다 훨씬 더 또래 친구와 친밀도가 강하다. 단짝 사이에 마음이 맞지 않을 때는 갈등이 심하게 나타나고 다른 친구에게 험담을 하거나 따돌리기도 한다.

친구의 잘못을 학부모나 선생님에게 일러서 해결하려는 경향은 서서히 줄어든다. 일러서는 해결이 안 되고 그것이 옳은 행동도 아님을 인식했기 때문이다.

3학년 온라인 자기주도학습 HOW TO

또래집단에서 사회성 기르기

초등 3학년은 학습만큼이나 사회성을 발달시키는 데 관심을 가져야 한다. 3학년 아이들은 대체로 학교에서 이루어지는 일에 관심과 흥미를 보이고, 또한 적극적으로 참여한다. 자신에게 맡겨진 사소한 일도 무척 열심히 하는데 그만큼 인정받고 싶은 욕구도 강하고 또래집단에 소속되는 것도 중요하게 생각하기 때문이다. 개인적인 성향에서 벗어나 사회성이 한층 발달하기 시작하는 것이다.

학교에서 자주 갈등을 일으켜 반 친구들이 꺼리는 아이도 생긴다. 가정에서는 너무나 예쁘고 소중한 자녀가 학교에서 친구들에게 그런 대접을 받는다는 것은 마음 아픈 일이다. 그러므로 4, 5, 6학년을 즐겁게 지내려면 이 시기에 교우관계를 형성하는 법을 배워야 한다. 아무리 공부를 잘하더라도 친구들이 싫어한다면 그 아이의 학교생활은 절대 즐거울 수가 없다.

요즘은 온라인 안에서만 인간관계를 맺는 경우가 많아서 현실에서는 자연스러운 인간관계 맺는 것을 어려워하는 아이도 많다. 공동체 생활에서는 늘 다른 사람의 입장에서 생각해봐야 한다는 것을 평소에 인식시켜야 한다. 학급에서 교사가 아무리 인성 교육에 신경을 쓰더라도 평소 집에서 이루어지는 가정교육 효과는 따라가지 못한다.

또한, 자연스럽게 사회성을 시킬 수 있도록 또래와 놀이 시간을 충분히 갖는 것도 필요하다. 어울리는 동안 맞닥뜨리는 갈등 상황을 나름의 방법을 찾아 해결하는 경험은 원만한 사회성을 기르는 데에 꼭 필요한 자산이다.

공부 습관 다지기

2학년까지는 기본적인 학습 및 생활 습관을 기르는 데에 중점을 두었다면 3학년부터는 그것을 바탕으로 공부하는 습관도 조금씩 붙게 해야 한다. 우선 2학년 때까지 배운 내용을 잘 알고 있는지 확인하는 데서 시작해야 한다. 학부모들이 관심이 많은 수학의 경우, 동일한 분야를 반복적으로 다루되 학년이 올라갈수록 더 깊이 탐구하는 나선형 교육과정을 따른다. 때문에 이전 학년에서 배운 내용을 완전히 소화하지 못한 상태에서는 후속 학습도 의미가 없다. 따라서 각 단계에서 학습 결손이 생기지 않도록 미리 대비하는 것이 중요하다.

자녀를 지도해 본 부모라면 2학년 때 곱셈을 배우고, 3학년 때 나눗셈을 배우는데, 곱셈을 못하면 나눗셈도 못한다는 것을 알 것이다. 남만큼, 또는 남보다 더 먼저 진도를 나가는 데 급급할 필요가 없다. 현 단계에서 성취해야 할 목표를 충실히 달성하고 있는지 확인하면서 조금씩 심화 또는 보충학습이 이루어지도록 지도해 주면 된다. 무리하게 공부량을 늘리지 말고, 조금씩이라도 매일 공부하는 게 몸에 배는 것이 중요하다.

새로 배우는 사회, 과학 같은 교과목은 배경지식이 많을수록 재미를 느끼므로 다양한 방면의 책을 읽게 해주는 것이 좋다.

자기주도의 기초, 유대감, 긍정적 지지

3학년 아이들은 자신과 남을 비교하면서 주변 사람의 평가에 신경을 쓰기 시작한다. 이때 자기주도적인 생활을 하기 시작한 아이는 자신에 대해 긍정적으로 생각하게 되고 타인의 평가도 담담하게 받아들인다.

반면 의존적이고 수동적인 아이는 시행착오를 통해 발전하기보다는 타인의 지적에 쉽게 위축되거나 의기소침해진다. 이때 중요한 것은 부모와의 유대감이다. 부모의 지지는 아이가 성장하는 데 절대적으로 필요한 요소다.

이 시기에는 뭔가를 완벽하게 해내기를 기대하기보다는 용감하게 시도한 데 대해 칭찬을 아끼지 말아야 한다. 이때 칭찬하는 이유를 구체적으로 설명해주는 것이 효과적이다. 노력을 통해 긍정적으로 변한 모습을 인정해주는 것이 영혼 없는 칭찬보다 더 중요하다는 것이다.

아직은 미숙해 보이더라도 실패를 경험하고 이를 극복할 기회를 아이에게서 빼앗지 않아야 한다. 자기주도학습의 가장 기본적인 마음 밭은 학습 자존감이다. 자존감은 성공에 대한 칭찬에서 생기는 것이 아니다. 직면하는 문제를 피하지 않고 한번 해보려는 용기를 낼 때, 그리고 거기서 뭔가를 배웠을 때 형성되는 값진 보석이다.

4학년
사춘기 문턱, 복습 습관

초등학교 4학년이 된 아이들은 그동안 재미있게 지켰던 규칙에 대해 "정말일까?", "왜 그래야 하지?" 하며 의문을 품기 시작한다. "다른 사람은 저렇게 안 하는데 왜 나만 해야 하나. 억울하다."라는 말도 곧잘 한다. 이것은 바로 아이가 사춘기에 들어섰다는 신호이다. 지능과 정서가 그만큼 발달하기 때문에 그동안 배웠던 모든 규칙과 가치에 대해 의구심을 갖게 되는 것이다.

이 시기가 되면 부모는 '드디어 올 것이 왔구나!' 하고 마음가짐을 단단히 해야 한다. 사춘기 아이들은 부모에게 '반대를 위한 반대'를 한다. 부모의 말이 옳고 부모의 의견을 따르는 게 자신에게 더 좋다는 것을 알면서도 공연히 부모 의견에 맞선다. 따라서 아이가 4학년이 되면 부모는 아이와 효과적으로 대화하는 방법을 본격적으로 익혀야 한다. 그동안 안아 주는 것으로 아이와 정서적 상호작용을 했다면 이제부터는 이성적인 대화로서 상호작용을 해야 하기 때문이다.

4학년에 나타나는 신체적, 정서적, 인지적, 사회적 특성을 살펴보면서 어떤 부분에 초점을 두고 지도해야 할지 알아보자.

1) 신체적 특징

쑥쑥 커가는 시기이므로 운동을 많이 하도록 하고, 2차 성징의 발현에 대해 자연스럽게 받아들이도록 설명이 필요할 수도 있다. 남자는 남자다워지고 여자는 여자다워지며, 빠르면 유방이 발달하고 초경을 하기도 한다. 나중에 당황하지 않도록 생리주기나 생리대 처리법에 대해 미리 알려주는 것이 좋다. 남자아이의 경우 키가 쑥쑥 자라면서 발목이나 무릎에 성장통을 앓는 경우도 있다. 성장통에 대해서도 미리 알려주어 당황하지 않도록 해야 한다.

운동 능력이 발달하면서 팔, 어깨, 허리, 다리 등 전신 운동이 가능해지고 자세도 안정화되어 간다. 다양한 게임, 운동, 놀이를 활발하게 하고 정교한 손끝 운동도 곧잘 수행한다. 외모에 신경을 쓰고 이성에 대한 관심이 높아지는 시기이므로 겉모습보다 내면의 멋에도 신경 쓰도록 북돋아 주어야 한다.

2) 정서적 특징

고학년이 시작되는 4학년부터는 부모보다는 또래 친구들과 지내는 것을 더 좋아하게 된다. 좋아하는 친구가 제안하는 일은 별로 좋아하지 않더라도 동참하기도 한다. 모둠 학습이 본격적으로 시작되기 때문에 아이들은 소규모 무리 속에서 각자의 역할을 인식하고, 협동하고 어울리는 방법을 터득한다.

부모나 교사의 권위에 논리적이고 비판적인 시각으로 대응하려는 경향이 생긴다. 자기 자신보다 다른 사람에게 엄격한 도덕적 잣대를 들이대는 시기이기도 하다.

자아의식이 형성되면서 자신의 능력을 남들이 알아주기를 바란다. 경쟁의식이 생겨 사소한 일에서도 지는 것을 싫어한다. '자존심'이라는 말을 많이 쓰며 친구와 놀이에서 지면 이기기 위해서 혼자 열심히 연습하기도 한다.

3) 인지적 특징

논리적인 사고가 발달하고 추상적 개념이 정립되는 단계이다. 복잡한 사고 능력이 생기며 당면한 문제를 조리 있게 진술하고 해결책을 강구하기도 한다. 저학년 때와 달리 이제는 '무조건 해야 한다'는 말이 통하지 않는다. 합리적으로 설득이 되어야 행동에 옮긴다. 또한 자신이 하고 싶은 말을 구체적으로 명료하게 표현할 수 있다.

그래서 때로는 자신이 잘못한 행동에 대해서도 나름 논리적인 이유로 변명하기도 한다. 상황을 봐서 자신에게 불리한 것은 말하지 않고, 상대에 따라 다른 행동을 보이는 것이다. 예를 들어 학원에 다니지 않기 위해 그냥 싫다고 떼를 쓰는 것이 아니라, 적절한 핑계를 대거나 학원의 단점을 이야기해서 자신에게 유리한 상황을 만든다.

기계적 기억이 최고조로 발달하며 문제해결력, 창의적 사고력이 나타나는 시기이다. 관심과 탐색 영역이 비약적으로 확장되기 때문에 문학, 운동, 미술, 음악, 만화 등 다양한 영역에 끌린다. 하지만 학습에 대한 개인차가 심해져 공부에 무기력한 아이들이 많아지는 시기이기도 하다. 내용이 갑자기 어려워지고 학습량도 많아져 포기하려는 아이들이 생길 수 있으므로 유심히 살펴봐야 한다.

4) 사회적 특징

4학년 아이들은 자기들끼리 몰려다니는 것을 좋아한다. 또래 친구들의 영향을 많이 받기 때문에 자녀의 친구 이름과 자주 다니는 장소, 행동 패턴을 잘 파악하고 있어야 한다. 아이의 친구 관계가 한두 명에 편중되어 있다면 이를 적절히 조정해주는 것이 필요하다. 공부도, 숙제도, 학원도, 등하교도, 놀이도 특정 친구하고만 함께한다면 학원은 다른 데로 보낸다든지 등하교 시간을 조정한다든지 해서 다양한 친구를 접할 수 있는 기회를 주는 것이 좋다.

논리력이 발달하면서 변명하는 솜씨도 늘어난다. 말을 할 때 자신의 실수를 남의 탓으로 돌리거나 변명하는 일이 잦아지면, 아이의 이야기를 끝까지 들어준 후에 어떤 부분이 어떻게 잘못되었는지 조용히 타일러 바로잡아야 한다. 그렇게 하지 않으면 문제가 생겼을 때 자신을 되돌아보지 않고 늘 원인을 밖에서 찾게 된다.

4학년 온라인 자기주도학습 HOW TO

초등 4학년 성적! 평생을 좌우한다?

한동안 초등 4학년이 평생 성적, 평생 공부를 좌우한다는 책들이 인기였다. 귀 기울일 만한 주장이다. 초등 저학년의 뇌는 아직 공부할 준비가 되어 있지 않다. 저학년 아이들에게 헷갈린 부분에 밑줄을 그어보라고 하면 무엇을 헷갈렸는지도 구분하지 못한다. 아직 공부할 수 있는 사고력이 덜 발달된 탓이다. 사춘기 아이는 공부 머리는 발달이 되었으나 부모의 간섭을 싫어하기 때문에 자연히 통제가 어려워진다. 그래서 너무 어리지도 않고, 사춘기가 오기 전인 초등 4학년 시기가 평생 성적, 평생 공부를 좌우한다고 하는 것이다.

뇌과학에 의하면 결정적 시기가 끝나지 않은 어린이의 뇌는 마치 말랑말랑한 찰흙 같아서 모든 공부가 뇌를 만드는 과정이 된다고 한다. 어린이에게 '공부한다'는 것은 곧 그 아이의 뇌를 만든다는 것을 의미하는 것이다. 따라서 뇌가 굳어지는 12세 이전에 다양한 경험과 함께 '공부'를 통해서 두뇌를 자극하는 사고 활동이 중요하다.

다양한 분야의 책 읽기, 개념 이해하기, 논리적으로 추론하기, 문제해결 방법 찾기, 토론하기, 글쓰기, 외국어 공부하기 등 다양한 공부 활동이 필요한 것이다. 늦어도 초등학교 4학년부터 본격적으로 실력을 쌓아야 하는 이유가 여기에 있다.

학습 격차가 두드러지는 4학년

4학년부터는 학습 내용이 심화되면서 성적 격차가 서서히 드러난다. 국어의 경우 3학년까지는 대체로 단순한 느낌을 묻지만 4학년부터는 자기 생각을 정리하고 표현을 요구한다. 수학 역시 복잡한 수학 연산이 나오면서 수학에 자신 있던 아이도 힘들어하기 시작한다. 사회나 과학의 경우 어려운 용어나 어휘가 많아지면서 학습에 흥미가 떨어지는 아이들이 생긴다.

학습 격차가 생기는 이유는 교과 내용의 수준이 높아지기 때문이기도 하지만, 좋아하고 싫어하는 분야(과목)가 분명해지기 때문이기도 하다. 싫어하는 과목은 아예 포기하는 아이도 있는 것이다. 따라서 아이가 싫어하는 교과에 대해 자신감을 잃지 않고, 의욕도 북돋울 수 있는 방법을 고민해야 한다. 아예 포기한 다음 다시 의욕을 불러일으키기는 쉽지 않으므로, 미리 교과 전반에 대해서 자녀의 취향을 파악할 필요가 있다.

특정 교과를 싫어한다면 온라인 학습 콘텐츠를 활용해 보는 것도 좋다. 선행 중심의 콘텐츠보다는 현 단계에 집중하면서 개념을 쉽고 재미있게 설명해주는 콘텐츠를 선택해야 한다. 부모가 일방적으로 선택해주면 오히려 역효과가 날 수 있으므로, 아이와 함께 강좌를 들어보고 아이가 좋아하는 콘텐츠를 스스로 선택하게 한다.

온라인 학습, 예습보다 복습

4학년이 되면 주변 분위기에 휩쓸려 갑자기 학습량을 무리하게 늘리거나 선수 학습에 집중하는 경우가 많다. 하지만 그것보다 더 중요한 것은 복습하는 습관을 차분하게 들여 고학년 수준에 탄탄하게 대비하는 것이다.

교육심리학자 에빙하우스는 인간은 학습 후 10분부터 망각이 일어나며 일주일 뒤에는 30%, 한 달 뒤에는 20% 정도밖에 기억하지 못한다고 했다. 그런데 단기 기억을 장기 기억으로 전환할 수 있는 방법이 바로 적절한 주기에 반복해서 학습하는 것이다. 학습 후 망각이 일어나는 10분에 반복하면 그날 저녁까지 기억으로 남고, 그날 저녁에 반복 학습을 하면 1주일이 간다. 1주일 후에 반복하면 한 달이 가고, 한 달 뒤에 반복하면 6개월까지 기억되는 장기 기억으로 남게 된다는 것이다. 그러므로 아이에게 망각과 복습의 중요성에 대해 충분히 설명해주면서 그날 배운 내용을 10분씩이라도 복습하게 해야 한다. 10분, 1일, 1주일, 1달이라는 4단계의 복습을 완벽하게 실천하지는 못하더라도, 그날 배운 내용을 부모와 한 번 더 짚어 본다면 희미해지는 기억을 붙잡는 데 큰 효과가 있다.

공부에는 입력 공부와 출력 공부가 있다. '입력 공부'는 말 그대로 지식을 쌓아가는 과정이다. '출력 공부'는 배운 내용을 다양한 형태로 자유롭게 출력해보는 것이다. '출력 공부' 중 하나가 선생님 놀이를 들 수가 있다. 부모 앞에서 직접 선생님이 되어서 공부한 내용을 설명하는 것이다. 그런데 "네가 얼마나 배웠는지 엄마가 한번 봐야겠어. 선생님 놀이를 하며서 설명해 봐." 이런 방식은 시험을 보는 것 같아 거부감이 들 수 있다. 그런 식보다는 "엄마가 잘 모르겠는데 설명 좀 해줄래?" 하고 요청하면 부담 없고 즐거운 복습이 될 수 있다.

반복 학습은 자신이 진짜 이해했는지를 구분하는 메타인지 능력을 키우는 중요한 방식이다. 온라인 학습에서는 아이들이 여러 가지 내용을 흘려듣다 보니 모르는 것도 안다고 착각하는 경우가 많다. 그러므로 예습도 필요하지만 우선은 복습을 통해 학습의 빈틈을 메워주는 것이 더 중요하다.

5학년 자율성, 기본학습 능력

사춘기에 완전하게 진입한 5학년은 부모의 관심을 벗어나려고 한다. 본격적인 사춘기가 시작되다 보니 감정 조절이 잘 되지 않는다. 그러다 보니 학부모한테서 아이가 감당이 안 된다는 말이 나오는 시기이기도 하다. 그렇다고 이런 것들을 5학년 아이들의 특성으로 보고 방치하면 아이들은 방향을 잃고 이리저리 헤매게 된다. 이때 부모가 할 일은 '해도 되는 일과 하면 안 되는 일'에 대해서 명확한 기준을 정하는 것이다.

5학년이 되면 고민은 많은데 혼자만 품고 있는 경우가 많아진다. 대부분 아이가 스스로 말할 때까지 기다려야 한다고 생각하겠지만 선생님이나 주변 친구들을 통해서라도 아이의 생활에 대해 어느 정도는 파악하고 있어야 한다. 그리고 무슨 이야기를 하든 가족은 아이의 이야기를 들으려는 분위기가 형성되어 있어야 한다. 그렇지 않으면 아이는 마음을 열지 않을 것이고 가족은 답답함만 쌓일 것이다.

다음은 5학년의 신체적, 정서적, 인지적, 사회적 특징이다. 특징을 살펴보면서 어떤 도움을 줄 수 있는지 생각해 보자.

1) 신체적 특징

5학년 아이의 50% 이상이 2차 성징을 겪는다. 아이들의 몸은 개인차도 심하지만, 신체 각 부분의 성장 속도가 제각기 다른 경우도 많다. 사춘기 초기로서 남녀 성별 차이에 따른 자아정체성이 형성되는 시기이기도 하다.

신체적 특징으로 고민하는 아이도 많아진다. 몸에 대한 관심이 자신의 신체에 대한 불만으로 이어져 자존감을 떨어뜨리기도 한다. 작은 키를 걱정하는 아이도 많고 뚱뚱하다는 이유로 친구들에게 놀림을 받고 스트레스를 받는 경우도 흔하다. 이 시기는 몸에 대한 긍정적인 자아상을 갖게 하는 것이 무엇보다 중요하다. 자녀가 몸 때문에 자신감이 떨어져 있다면, 몸에 대한 올바른 관점을 갖게 하는 것도 좋지만 운동을 통해 자신감을 회복시키는 것도 필요하다.

2) 정서적 특징

초등 5학년 아이들은 감정 조절이 서툴러서 작은 일로도 화를 내며 합당한 이유를 들거나 구체적인 이유 없이 그냥 싫다고 하는 경우도 빈번하다. 사춘기에 접어드는 이때는 자아존중감 훈련과 감정이입, 분노조절 교육이 필요하다.

한편 이성에 대한 관심이 높아지고 적극적으로 표현하려는 경향도 나타난다. 화이트데이나 발렌타인데이 때 선물을 주고받으며 커플이 되었다고 공공연하게 알리기도 한다. 그러므로 바람직한 이성교제를 위한 친밀감 교육 등도 필요하다.

자신의 집과 다른 집을 비교하기 시작하며 우월감이나 위축감을 느끼기도 한다. 그러다 보니 가족 이야기를 별로 하지 않는다. 아이가 감정을 격하게 드러낼 때는 부모가 똑같이 강하게 나가기보다는 속마음을 이끌어내는 수용적인 대화를 하도록 노력해야 한다.

3) 인지적 특징

자기중심적 사고에서 거의 벗어나고 비판적인 사고나 논리적인 추론이 가능한 시기이다. 지적인 자극 환경을 만들어 주고 끊임없이 실행할 수 있도록 도와준다면 비약적인 성장을 할 수 있다. 또한 사회적 이슈에 관심을 보이며 정의감이 발달한다. 시사성 있는 이야기에 눈을 반짝이며 토론도 잘한다. 따라서 신문 기사나 뉴스를 보면서 함께 대화를 나누는 것도 좋다.

반면 자존심이 강해서 또는 용기가 부족해서 모르는 것을 질문하지 않는 경향이 있다. 교과에 대한 부담이 무척 높아지는 시기이지만 수학 과목에 스트레스를 느끼는 아이가 많다. 다 아는 것처럼 앉아 있지만 개인적으로 시켜보면 제대로 아는 아이는 드물다. 이런 상태를 방치하면 학습에 부정적인 영향을 주고, 결국 학습 자존감이 떨어지는 원인이 되기 때문에 모르는 것이 부끄러운 것이 아님을 적극 설득할 필요가 있다.

4) 사회적 특징

5학년 정도 되면 학교 폭력에 노출되는 경우가 생기기 시작한다. 6학년 아이들한테서 "왜 반말 쓰냐", "존댓말 써라", "너 왜 인사 안 해", "찍히면 죽는다.", "잘해라" 등의 위협을 받는가 하면, 여자아이의 경우 예쁘게 하고 다니면 6학년에게 미움을 받을 거라며 불안해하기도 한다.

여자아이들은 배타적인 소집단을 만들어 이유 없는 공격을 하기도 해서 왕따 문제가 심각해지는 시기다. 온라인에서 알게 됐다가 직접 대면해서 싸우기도 하고, 인터넷 채팅이나 클럽활동을 하면서 편을 갈라 싸우기도 한다. 또한 주말에 온라인으로 나눈 이야기를 마음에 담고 있다가 월요일에 학교에서 만나 직접 싸우기도 한다. 예전에는 교우관계가 학교생활에 한정되어 있었지만, 요즘은 SNS 때문에 학교에서의 갈등이 집에 와서도 이어진다. 여자아이의 경우

감수성이 예민한 시기라서 친구와의 관계가 학습에도 영향을 미치므로 집에서 세심하게 살펴보아야 한다.

5학년 온라인 자기주도학습 HOW TO

자율성을 주되 기본학습 능력 챙기기

앞에서 언급한 것처럼 5학년 아이들은 모르는 내용을 잘 물어보지 않는다. 공부 잘하는 친구와 못 하는 친구를 자기들끼리도 알고 있기 때문에, 성적 면에서 자신의 위치를 나름대로 판단하고 쉽게 포기하기도 한다. 공부 의지만 있다면 아이 스스로 시행착오를 겪고 한 단계 올라갈 수도 있다. 하지만 혼자서는 아직 힘든 시기이다. 그래서 아이의 현재 학습 수준을 정확히 파악하고 발전시킬 방안을 함께 고민해야 한다.

학교에서 학교 선생님이나 반 친구들에게 물어보는 것은 부끄럽고 자존심이 상한다고 생각할 수 있지만, 온라인세계에서는 다르다. 강의에서 모르는 개념을 다시 들을 수도 있고 요즘은 문제 풀이까지 자세하고 친절하게 알려주는 콘텐츠도 많으니 적극 활용하게 한다. 더불어 모르는 부분을 어떻게든 이해하고 넘어가게 한다는 것을 분명히 인식시키는 것이 필요하다.

많은 학부모가 이제 고학년이니 알아서 하리라는 생각으로 성적

외의 학교생활에 대해 방관하는 경우가 많다. 물론 판단력과 논리력이 발달하는 시기이니만큼 이제는 스스로 행동할 기회를 주고 그들의 생각을 존중해주는 태도는 필요하다.

그러나 5학년 아이들은 저학년 때와 달리 요령도 조금씩 피우고 대충 넘어가려는 모습을 보이기도 한다. 이전 학년보다는 낫지만 아이는 아이다. 학부모가 학교에서 일어나는 일이나 다양한 행사에 지속적인 관심을 가져야 아이도 더 충실하게 학교생활에 임하게 된다. 다만, 이 관심은 잔소리가 아닌 대화 속에서 아이가 느낄 수 있어야 한다.

시험, 스트레스가 아닌 긍정적 긴장감

초등 저학년부터 공부 습관들이기에 집중해온 학생이라면 5학년부터는 본격적으로 결과에 초점을 맞추고 체크해야 한다. 공부한 것을 확인하는 방법 중 하나는 시험이다. 시험을 치르고 나면 아이의 인지능력을 객관적으로 평가할 수 있고 시험에 대한 마음자세도 파악할 수 있다. 아울러 아이가 현재 유지하고 있는 공부법의 강점과 약점을 분석하여 좀 더 효율적인 공부법을 찾을 수 있다.

그러나 무턱대고 시험을 치르게 한다면 아이는 스트레스부터 느낄 것이다. 시험을 위한 준비계획, 목표 설정, 결과에 대한 평가 등 시험이 가져다주는 긍정적인 긴장감을 먼저 부각시켜야 한다. 이때 불안감을 조성하거나 과도한 긴장감을 유발한다면 오히려 악영향을 가져온다. 한 번의 시험에 과도하게 의미부여를 해서 의욕을 떨어뜨릴 필요도 없다. 다소 실망스러운 결과가 나오더라도 자녀의 능력을 현실적으로 받아들여 목표를 재설정하는 것이 장기적으로도 도움이 된다.

초등학교 시험은 결과보다는 앞으로의 지침으로 삼는 것이 바람직하다. 맞힌 문제와 틀린 문제를 유형별로 체크하고 그 원인을 알아보는 용도로 활용하는 것이다. 과목별로 꼼꼼하게 분석해 같은 실수를 반복하지 않도록 오답 노트 쓰는 법을 알려주는 것도 좋다.

아이를 대화로 변화시킬 수 있는 마지막 기회

부모와 좋은 관계를 맺으며 성장한 아이들도 사춘기가 시작되면 반항하게 되는데, 관계가 좋지 않았던 아이들의 반항은 그 2~3배에 달한다. 부모의 말에 사사건건 반대하는 것은 물론이고 아예 대꾸조차 하지 않을 때도 있다.

논리력이 강한 아이들은 때로 부모의 잘못을 지적하며 부모를 당황하게 한다. 아이의 반항을 부모의 권위에 도전하는 것으로 생각해 감정적으로 대응하면 장작불에 기름을 붓는 것이나 마찬가지이다. 아이의 말이 맞으면 아이의 말을 인정하고 받아들이는 태도가 필요하다. 그런 태도가 대화의 첫 시작점이기 때문이다.

이 시기에 아이와 대화가 원만히 이루어지지 않으면 아이가 성장할수록 관계가 악화될 수밖에 없다. 사춘기에 들어서는 초등학교 5

학년은 대화로 변화시킬 수 있는 마지막 기회라고 할 수 있다. 아이의 말에 감정적으로 대응하기보다는 아이의 마음을 이해해주고 사소한 말이라도 귀를 기울여야 한다.

6학년
공부 주도성, 자기주도학습 습관

학교에서 최고학년의 지위를 누리는 6학년 아이들은 자신들이 다 컸다고 생각한다. '어린이'라는 말은 자신들에게 해당 사항이 없다고 생각하고 어른 대접을 받고 싶어 하는 시기이다. 여전히 아이지만 아이로만 대해서도 안 되고, 어른은 아니지만 때로는 어른 대접을 해주어야 하는 게 6학년이다. 6학년의 특성이 이러하다 보니 자녀를 대하는 방식에서 일관성 있는 태도를 보여주는 것이 쉽지 않을 수 있다. 그렇지만 부모는 그들이 아직 아이라는 사실을 명심해야 한다.

6학년들은 성에 대해 관심이 많아지고, 성과 관련된 표현도 많이 한다. 부모가 생각하는 상상 이상의 행동과 표현을 하기도 한다. 하지만 성에 대한 정확한 정보를 가지고 있는 것은 아니다. 부모는 아이의 이런 변화에 당황하거나 피하지 말고, 정확인 지식과 정보에 근거해서 성교육을 해주는 것이 필요하다.

6학년 아이들은 부모의 보호를 벗어나 혼자 세상을 만날 준비가 필요한 시기이다. 그러므로 아이의 이야기는 충분히 들어주되 자신의 말과 행동에 반드시 책임을 지게 해야 한다. 본격적인 청소년기로 접어들면서 진로에 대한 고민도 시작되므로, 이 시기의 신체적, 정서적, 인지적, 사회적 특징을 토대로 구체적인 방향을 생각해 보아야 한다.

1) 신체적 특징

점차 성차가 확실해지고 특히 여학생의 사춘기적 특성이 두드러진다. 여름방학 후에 여학생들은 몸에 딱 붙는 윗옷을 즐겨 입고 배꼽티를 입는 아이들도 늘어난다. 이럴 때는 무조건 나무라거나 방치할 것이 아니라 나이에 맞게 예쁘게 옷 입는 법을 알려주는 것이 필요하다. 남자아이들도 대부분 변성기가 와서 노래하는 것을 무척 싫어한다. 여자아이들보다 남자아이들이 운동시간을 더 좋아하는 편이고, 농구, 축구와 같은 스포츠 활동을 적극적으로 즐긴다. 스포츠 선수를 꿈꾸는 아이들도 생기게 된다.

신체 발달이 두드러지는 만큼, 몸으로 인해 아이들이 상처를 주고받지 않도록 배려하는 언행이 필요하다. 가정에서도 친구들에게 무례한 말을 하는지 살펴보며 지도에 신경 써야 한다.

2) 정서적 특징

동요는 유치하고 록이나 힙합 정도가 자기 수준에 맞다고 생각한다. 젊은 선생님과 대화가 통한다고 생각되면 반말과 유머를 섞어가며 친구처럼 얘기하는 아이들도 있다. 자신과 동등한 위치에서 대화를 받아주는 어른에게 호감을 느끼고 따르지만, 이때 예의에 벗어나는 말과 행동도 나타나므로 적절한 지도가 필요하다.

6학년 아이들은 차별과 편애에 민감하다. 교사로부터 친구가 인정받으면 그것을 편애로 받아들여 거침없이 반감을 쏟아내는 아이도 있다. 부모가 다른 형제나 자매만 칭찬하면 차별받는다는 생각에 형제자매와 극심한 몸싸움을 벌이기도 한다. 둘 이상의 자녀가 있는 경우 이런 사태가 일어나지 않도록 주의해야 한다.

3) 인지적 특징

6학년 아이들은 객관적으로 사고하는 힘이 강해진다. 여러 자료를 모아 그것들의 상호관계를 파악하고 유의미한 것들을 취합하여 결론을 이끌어낼 줄 알게 된다. 귀납추리가 가능하다는 것이다. 이치를 따지는 것을 좋아하기 때문에 어른의 권위는 인정하면서도 꼬치꼬치 묻고 따지기도 한다.

기억력이 최고조에 올라 있는 시기이며, 좋아하는 관심 분야의 지식에서는 어른을 능가하기도 하는 시기다. 이런 아이는 특정 분야에서만은 자기가 제일이라고 인정받고 싶어한다. 이런 경우 관심을 보이고 인정을 해주는 것이 지적 탐구 습관을 지속하게 해준다.

주로 컴퓨터를 사용하기 때문에 숙제도 인터넷에서 자료를 찾아 그대로 복사해 내는 아이가 많다. 따라서 대체로 글씨 쓰기를 매우 싫어하며 정리하는 습관이 안 되어 있다. 하지만 손글씨 쓰기는 집중력을 키워줄 뿐 아니라 암기력을 키우는 데 눈으로 읽는 것보다 몇 배나 효과적이다. 또한 글씨를 또박또박 쓰는 동안 마음도 차분해지는 경험을 할 수 있다. 아이에게 멋진 손글씨를 보여주며 스스로 써보고 싶은 마음이 들게 해준다면 공부뿐 아니라 정서 안정에도 큰 도움이 될 것이다.

4) 사회적 특징

또래문화에 속하지 않는 아이들이 생기기 시작하고, 스스로 왕따가 되는 아이들도 있다. 그저 혼자 지내는 것이 좋아서 혼자 지낸다고 한다. '나는 나다'라는 식의 개인주의적인 성향이 짙어지는 시기이기 때문이다. 이렇게 또래 친구들과 별 문제 없이 스스로 혼자 지내는 것을 선택하는 것은 큰 문제가 되지 않는다. 하지만 주변 친구들과의 관계가 힘든 경우 온라인 세상 속에서 빠져나오지 못하는 경우가 발생하므로 잘 지켜보아야 한다.

자아정체성이 싹트고, 앞으로 어떤 사람이 될 것인지에 대한 고민과 질문이 이어진다. 자아 정체성을 통해 직업관, 인생관이 확립되기 때문에 이 시기부터 진로와 적성에 대한 교육이 필요하다. 주변 인물이나 대중 매체에서 자신의 롤모델을 발견하기도 한다. 롤모델이 없다면 아이가 어떤 분야에 관심이 있는지를 물어보고 롤모델을 함께 찾아보는 것도 좋고, 관심 있는 분야에서 직접 경험할 기회를 주는 것도 필요하다.

6학년 온라인 자기주도학습 HOW TO

학원 공부보다 학교 공부

일주일 중 하루를 제외하고 모두 6교시 수업이기 때문에, 3~4학년에 비해 수업시간이 늘어나 중학교와 비슷해진다. 방과 후 교실까지 하고 나면 오후 5시에 귀가하기도 한다. 그만큼 학교에서 보내는 시간이 많아지는 것이다.

다른 학년도 마찬가지지만 무엇보다 중요한 건 학교 수업과 학교생활에 성실하게 참여하는 것이다. 간혹 선행학습을 많이 하거나 학원을 오래 다닌 경우 학교 수업보다 학원 수업을 더 중요하게 생각하는 아이들이 있다. 엄마가 체크한다는 이유로 학원 숙제는 꼬박꼬박 하면서 학교 숙제는 안 하는 아이들도 있다.

하지만 공부의 중심은 '학교 공부'다. 과제를 안 해 왔을 때 별다른 제재가 없는 것 같지만, 학교생활기록부에는 성실성, 학습 태도, 학습 참여도에 반영된다는 것을 알아야 한다. 학교 공부를 부차적으로 보는 태도는 중학교 때에도 영향을 미치게 된다. 교사가 수업 내용 위주로 시험을 내는 중학교에 가면 결국 학교 수업을 소홀히 하는 습관으로 인해 수업태도 평가에서도 낮은 평가를 받을 뿐더러 실제 시험에서도 낭패를 보는 것이다.

6학년 학생들은 새로운 학습 방식에 거부 반응을 보이며, 그냥 시키니까 한다는 식의 수동적인 태도를 보이기도 한다. 부모들도 불안한 마음에 학원과 문제집 풀이 등 공부량을 늘이는 데에 신경을 쓴다. 하지만 학교에서 보면 대다수의 아이들이 피곤해서 수업에 집중하지 못하고, 조는 경우도 많다. 그러므로 아이의 학습량이 적절한지, 학교 수업에 지장을 주고 있지는 않은지 점검해서 조정해야 한다.

공부의 주도권 갖기

6학년이 된 아이가 공부의 주체가 되게 하려면 무엇보다도 공부의 주도권을 자녀에게 넘겨주면서 자기 공부에 대해 스스로 책임지게 하는 것이다. 6학년 아이들은 나름대로 최고 학년이라는 자부심을 갖고 있다. 이럴 때 스스로를 공부의 주체가 되게 하는 것은 자부심을 북돋우는 좋은 방법이다. 또한 자신이 생각하는 바를 눈치보지 않고 말할 수 있는 분위기를 만들어주는 것도 필요하다.

예컨대 브레인스토밍은 스스로 아이디어를 떠올려 발표하고 다른 사람의 아이디어도 받아들이는 훈련이 된다. 설사 아이가 현실감이 떨어지거나 타당성 없는 말을 하더라도 비웃거나 질책하지 말아야 한다. 동시에 타인의 아이디어에 대해서도 편견 없이 받아들이는 연습을 시켜야 한다.

아이에게 일종의 프레젠테이션을 준비하게 하는 것도 좋은 방법이다. 요즘 발표 수업이 많아지는 만큼 실제 수업에도 도움이 되며 주체적인 공부 습관을 형성하는 데도 효과적이다. 또한, 정보 수집 과정에서 문제해결력을 키울 수 있고, 표정과 몸짓, 목소리, 청중의 반응 등 다양한 요소를 체크하면서 명확하게 전달하는 능력을 발전시킬 기회다.

온라인 자기주도학습의 준비

초등학교 6학년은 초등학교 과정을 마무리하는 시기이자 중학교 과정을 대비하는 시기이다. 그러므로 6학년 시기에는 반드시 자기주도학습의 기본기를 갖춰야 한다. 초등시기에는 특별히 주체적인 각오가 없더라도 교사나 부모의 지도를 따르면 어느 정도 성취 목표에 도달할 수 있지만, 교사나 부모에게 의존하여 공부한 아이들은 중학교부터는 한계에 부딪치기 때문이다.

중학교에 올라가면 학교 공부에서 부족한 부분을 보충하거나 과제를 수행하는 데 온라인 콘텐츠를 많이 이용하게 된다. 그러므로

6학년 때부터 자신에게 필요한 콘텐츠를 찾아보고 다양한 방법으로 활용해보면서 자신에게 맞는 온라인 학습법을 생각해보는 것이 좋다.

예를 들어 온라인 콘텐츠를 학교 수업의 예습용으로 활용할 것인지 복습용으로 활용할 것인지, 학원 학습과 병행할 것인지 교과서 보조용으로 활용할 것인지 등의 고민은 효과적인 온라인 자기주도 학습의 준비가 된다.

이를 위해 컴퓨터를 활용하여 정보를 검색하는 능력을 키워주는 것이 필요하다. 필요한 정보를 검색하여 객관적인 데이터로 만드는 훈련은 생각보다 쉽지 않다. 검색창에 검색어를 치면 수많은 정보가 나온다. 그 방대한 정보에서 무관한 정보를 걸러내고 필요한 정보만 찾아 정리할 수 있어야 새로운 지식을 만들어 낼 수 있는 역량이 생기는 것이다.

과목별 온라인 자기주도학습 HOW TO

아이와 공부에 대한 대화를 하다보면 대부분 잔소리에 그치는 경우가 많다. 좋은 관계를 유지하며 구체적인 방법으로 도움을 주고 싶다면 교과서의 중요성과 과목별 특성을 이해하고 효과적인 공부법이 무엇인지 알아야 한다.

문제집보다
교과서 읽기 공부

교과서는 학습에 필요한 모든 교재의 기본이 되는 책이다. 요리사가 좋은 재료가 있어야 자신만의 요리 비법으로 최고의 요리를 만들어내는 것처럼, 공부 잘하는 아이들은 교과서로 탄탄한 기초를 쌓고 그 위에 다양한 독서와 자기만의 공부법을 더해 좋은 성적을 거둔다. 교과서는 전 학년에 걸쳐 배워야 할 내용이 단계적으로 짜임새 있게 구성되었다. 그래서 공부하는 데 가장 기본이 되는 교재이며 동시에 최적의 교재이기도 하다.

그런데 학부모도 심지어 학원 선생님도 교과서는 그렇게 중요시하지 않는다. 공부방이나 학원 온라인카페에 들어가면 아이들 교재를 무엇으로 하느냐는 질문이 올라오고 학부모 맘카페에서도 수학이나 영어 좋은 교재 추천 좀 해 달라는 문의가 많다. 학생들도 교과서는 교실 사물함에만 처박아 두고 수업 시간에 잠깐 보는 경우가 많다. 교과서보다 참고서, 문제집, 학원 교재를 선호하는 이유는 교과서의 중요성과 진면목을 알지 못하기 때문이다.

왜 교과서 읽기 공부일까?

교과서는 수업의 매개체이자 시험 문제 출제의 기준이다. 교과서는 읽을 양이 많지 않고 어렵지 않아 어떤 학년에서 공부를 시작해도 부담이 없다. 성적이 낮은 아이들은 문제집이나 참고서를 보면 모두 중요한 거 같아서 무엇이 진짜 중요한지 판단하기 어렵다고들 한다. 하지만 교과서는 각 단원의 학습 목표와 배워야 할 내용을 통해 무엇이 중요한지 명확하게 제시한다. 아이들이 자주 하는 말 중 하나가 배우지도 않았는데 시험에 나왔다는 말이다. 시험은 학습 목표를 어느 정도 달성했는지를 확인하는 평가 과정이다. 그래서 수업의 중심인 교과서를 벗어난 시험 문제는 없다.

교과서는 우리나라 최고의 집필진이 만든 최고의 교재이며, 문제집이나 참고서는 교과서를 기준으로 만들어질 수밖에 없다. 문제집은 교과서 내용을 얼마나 잘 알고 있는지를 확인하는 하나의 수단이므로, 교과서를 잘 읽은 후에 문제집을 완벽하게 푸는 것이 바로 공부의 왕도이다. 수능 만점 학생들이 인터뷰마다 교과서를 중시했다는 말이 그냥 하는 말이 아니다. 교과서를 공부의 신이 되기 위한 일등 공신으로 인정하고 교과서 읽기 능력에 집중할 필요가 있다.

교과서 읽기 공부를 위한 교육과정 이해하기

교과서 읽기 공부를 시작하기 위해서는 먼저 교육과정을 이해해야 한다. 교과서의 개편은 교육과정에 의해서 이루어지기 때문이다. 현재 교과서는 2015개정교육과정에 따라 집필된 것이다. 다음 개정연도는 2022년이지만 교과서는 3년에 걸쳐 1, 2학년이 먼저, 그 다음에 3, 4학년, 마지막으로 5, 6학년이 개편되므로 당분간 저학년을 제외하고는 현재의 교과서로 공부하게 된다.

2015개정교육과정에서 가장 중점을 둔 것은 바로 창의융합형 인재 육성을 위한 6대 핵심역량이다. 핵심역량이란 미래사회 시민으로서 성공적이고 행복한 삶을 살아가기 위해 필요한 핵심적인 능력으로 지식, 기능, 태도 및 가치가 통합적으로 작용하여 발현되는 것을 말한다.

다음은 교육부에서 제시한 인간상과 6대 핵심역량 및 하위 핵심역량이다. 6대 핵심역량은 아래와 같은 하위 핵심역량을 구성요소

2015개정교육과정 속 핵심역량			
인재상	인간상	핵심역량	하위 핵심역량
창의 융합형 인재	자주적인 사람	자기관리 역량	• 자아정체성 • 진로주도성 • 자기주도성
	창의적인 사람	지식정보처리 역량	• 지식정보처리 능력 • 지식정보활용 능력
		창의적 사고 역량	• 기초 능력 • 창의성
	교양있는 사람	심미적 감성 역량	• 문화적 소양 • 다양성 이해
		의사소통 역량	• 자기표현 능력 • 의사소통 능력
	더불어 사는 사람	공동체 역량	• 공동체성 • 민주시민성 • 세계시민성

로 하며 각 교과에 따른 교과 역량과 연계되어 있다. 6대 핵심역량에 따른 초등 교과 역량은 옆의 표와 같다.

위와 같이 각 교과마다 핵심역량에 따른 교과 역량이 포함되어 있으며, 핵심역량과 교과 역량은 상호 보완할 수 있도록 구성되어 있다. 그렇다면 핵심역량, 교과 역량이 교과서 내용과 무슨 연관이 있을까?

교과서를 펼쳐 보면 각 단원마다 내용과 위의 역량들이 연관되어 표시되어 있다. 즉 6대 핵심역량이 형식적으로 교육과정 문서로만 되어 있는 게 아니라, 학교 현장에서 그 역량들을 키우도록 수업을

2015개정교육과정 핵심역량 및 교과 역량

핵심역량					
자기관리 역량	공동체 역량	의사소통 역량	창의적 사고 역량	지식정보처리 역량	심미적감성 역량

교과	역량					
바른 생활	공동체 역량	지기관리 역량	의사소통 역량			
슬기로운 생활	창의적 사고 역량	지식정보처리 역량	의사소통 역량			
즐거운 생활	심미적 역량	창의적 사고 역량	의사소통 역량			
국어	비판적·창의적 사고 역량	자료정보 활용 역량	의사소통 역량	공동체·대인관계 역량	문화향유 역량	지기성찰·계발 역량
도덕	자기 존중 및 관리 능력	도덕적 사고 능력	도덕적 대인관계 능력	도덕적 정서 능력	도덕적 공동체 의식	윤리적 성찰 및 실전 성향
사회	창의적 사고력	비판적 사고력	문제해결력 및 의사결정력	의사소통 및 협업능력	정보 활용 능력	
수학	문제 해결	추론	창의·융합	의사소통	정보처리	태도 및 실천
과학	과학적 사고력	과학적 탐구능력	과학적 의사소통 능력	과학적 참여와 평생학습 능력	과학적 문제해결력	
실과	기술적 문제해결 능력	기술 시스템설계 능력	기술활용 능력	관계형성 능력	생활자립 능력	실천적 문제해결 능력
체육	신체수련 능력	신체표현 능력	건강관리 능력	경기수행 능력		
음악	음악적 감성 역량	음악적 창의융합사고 역량	음악적 소통 역량	문화적 공동체 역량	음악 정보저리 역량	자기관리 역량
미술	미적 감수성	시각적 소통 능력	창의·융합능력	미술문화이해 능력	자기주도적 미술학습 능력	
영어	자기관리 역량	공동체 역량	영어 지식정보처리 역량	영어 의사소통 역량		

진행하고 있으며 평가 역시 이 기준에 맞추어 이루어지고 있다.

다음은 3학년 국어 교과서와 5학년 과학 교과서 일부이다. 교과서를 직접 살펴보면 아래와 같이 각 교과마다 각 단원에서 배우고 길러야 하는 핵심역량이 무엇인지 알 수 있다.

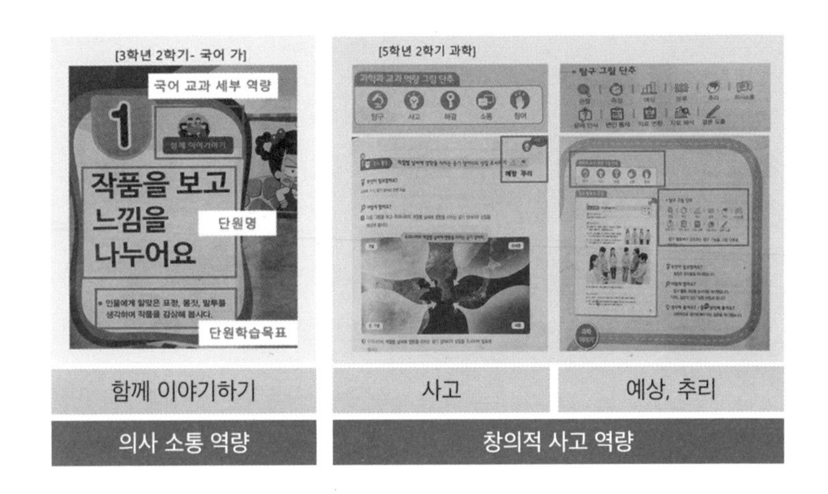

국어 교과서 '작품을 보고 느낌을 나누어요' 단원에 나오는 '함께 이야기하기'는 6대 핵심역량 중 의사소통 역량이며, 날씨의 영향을 배우는 과학 교과서에서는 '예상과 추리'를 통한 과학적 사고 역량을 기르도록 되어 있다. 이렇듯 핵심역량은 교과 역량과 연계되어 교과서에 반영되어 있음을 알 수 있다.

다음은 4학년 수학 교과 평면도형의 이동 단원으로서, '그리기, 이해하기, 추론하기, 설명하기, 조작하기, 표현하기, 추측하기, 확인하기, 문제해결하기'와 같은 기능을 통해 수학 교과 역량을 습득할 수 있도록 교수·학습 방법 및 유의 사항을 제시한 것이다. 평가 방법 역시 의사소통 역량인 설명 방법이 다양할 수 있음에 유의하여 평가하도록 되어 있다.

[4학년 수학 '평면 도형의 이동' 교수학습 설계 자료]

영역	도형	핵심 개념	평면도형
일반화된 지식	주변의 모양은 여러 가지 평면도형으로 범주화되고, 각각의 평면도형은 고유한 성질을 갖는다.		
내용 요소	평면도형의 이동	기능	그리기, 이해하기, 추론하기, 설명하기, 조작하기, 표현하기, 추측하기, 확인하기, 문제해결하기
교과 역량	문제해결 의사소통	추론 정보처리	창의·융합 태도 및 실천
교수·학습 방법 및 유의사항	· 실생활에서 평면도형의 이동을 활용한 사례를 찾아서 이동에 따른 변화를 추론하고 설명하게 한다. · 도형 영역의 문제 상황에 적합한 문제해결 전략을 지도하고, 문제해결 과정을 설명하게 하여 문제해결 능력을 기르게 한다.		
평가 방법 및 유의 사항	· 평면도형의 이동을 활용하여 모양의 변화나 무늬를 설명하게 할 때 설명 방법이 다양할 수 있음에 유의하여 평가한다.		
성취기준	[4수02-04] 구체물이나 평면도형의 밀기, 뒤집기, 돌리기 활동을 통하여 그 변화를 이해한다.		

교과서 읽기 공부법

앞서 교육과정에 따른 교과서와 교과서에 담긴 핵심역량에 대해 알아보았다. 교과서 읽기 공부의 중요성을 인식했다면 교과서가 학교 사물함에 있다고 변명할 게 아니라 한 권을 따로 구입하여 집에서 보게 해야 한다는 생각이 들 것이다.

그렇다면 교과서를 어떻게 읽어야 할까? 그냥 일반 책을 읽듯이 읽으면 될까? 교과서의 과목별 구성에 따라 조금씩 차이가 있지만 가장 기본적인 방법이 있다.

먼저 교과서를 무조건 공부하기 위해서 읽기 시작하면 흥미를 잃을뿐더러 부담스러워서 읽기 습관이 지속되기 어렵다. 교과서도 동화책처럼 편하게 읽을 수 있도록 해주어야 한다. 처음부터 정독을 시키기보다는 먼저 책장을 술술 넘기며 책이 어떤 구성으로 되어 있는지를 함께 살펴보는 것이 좋다.

다음으로 단원명과 학습 목표를 반드시 읽도록 당부해야 한다. 간혹 시험 시간에 교과서로 공부를 하는 학생도 단원명과 학습 목표는 아예 쳐다보지도 않는 학생들이 많다. 본문만 읽다 보면 정작 무엇이 중요한지 파악하지 못한 채 문장만 읽게 될 수 있다. 따라서 교과서 읽기를 처음 시작할 때 책장을 넘기며 자연스럽게 단원명과 학습 목표의 중요성을 알려주어야 한다. 예컨대 아이와 함께 국어 교과서를 보면서 다음처럼 단원명과 학습 목표를 먼저 살펴보면 효과적인 교과서 읽기를 할 수 있다.

"이 단원은 '작품을 보고 느낌을 나누어요'인데, 인물에게 알맞은 표정, 몸짓, 말투를 생각하며 감상하는 거래. 여기 나와 있는 부분이 학습 목표라고 하는데 학습 목표를 잘 생각하면서 교과서를 읽으면 무엇이 중요한지 알 수 있어. 교과서에서는 학습 목표가 중요하니까 꼭 확인하면서 읽어 보자."

수학과 사회는 계통 과목이기 때문에 목차를 보는 것이 중요하다. 사회의 경우 시간과 공간을 중심으로 확대하면서 학습하고, 수학은 수와 연산, 도형, 측정, 규칙성과 문제 해결, 확률과 통계라는 5대 영역을 중심으로 학년이 올라갈수록 수준이 높아지는 나선형 구조로 학습한다. 따라서 한 영역이라도 놓치면 학습의 누수가 일어난다. 그래서 목차를 통해 각 단원이 학년별로 어떻게 연계가 되는지 자연스럽게 머릿속으로 그려보는 것이 특히 중요한 과목이다.

저학년일수록 책을 읽어도 무슨 내용인지 모르겠다고 말하는 아이가 많다. 문자 읽기에서 벗어나지 못하기 때문이다. 고학년이 되어서도 문해력이 낮은 상태라면 문제가 심각해진다. 읽고 이해하기가 힘든 아이는 교과서를 소리 내어 읽는 방법을 써보면 좋다. 소리 내어 읽다 보면 자신의 목소리로 내용이 한 번 더 들어오기 때문에 집중력이 높아진다.

한 번 읽는 것으로 끝내는 것이 아니라 천천히 여러 번 읽는 것이 좋다. 처음에는 훑어보듯 가볍게 읽고, 두 번째에는 중요한 내용에 밑줄을 그어가며 읽기, 나중에는 핵심어에 동그라미를 치며 읽기, 마지막으로 동그라미 친 핵심어를 지우고 읽기까지 적어도 4번 정도 반복해서 읽으면 교과서의 주요 내용이 어느 정도 정리가 될 것이다.

국어
모든 공부의 기본, 이해와 표현활동

국어는 학부모나 아이들이 쉽게 생각한다. 우리말을 쓰는 것은 태어나면서부터 꾸준히 해온 일상 활동이기 때문이다. 그러나 국어는 생각보다 훨씬 까다로운 과목이다. 학습에 문제가 있어도 쉽게 드러나지 않고 무엇부터 공부해야 할지도 쉽게 판단이 서지 않기 때문이다. 그러다 보니 고학년으로 올라갈수록 성적이 잘 나오지 않는 과목이 국어이기도 하다.

특히 '읽기' 영역은 지식 습득의 도구이기 때문에 모든 학습의 시작이요 끝이기도 하다. 읽기 능력은 종합적인 사고력, 비판적인 사고력, 논리적 사고력을 갖춘 언어능력을 말한다. 이런 능력은 수학, 사회, 과학 등 다른 교과에서도 요구하는 능력이므로 국어 교과는 모든 교과의 기본이 된다고 할 수 있다.

학부모들은 아이가 책을 열심히 읽으면 공부를 잘할 거라 기대한다. 물론 책읽기는 국어뿐 아니라 모든 과목에 도움이 된다. 하지만 국어는 읽고 듣는 이해 활동과 말하고 쓰는 표현활동으로 이루어져 있다. 최근 들어서는 말하고 쓰는 활동에 평가가 집중되어 있어서 표현활동이 더욱 중요해졌다. 따라서 단순히 책을 많이 읽는다고 해서 국어를 잘할 수 있는 것은 아니다. 국어는 절대로 만만히 보아서는 안 되는 교과이며, 아이들에게도 국어 교과의 중요성을 제대로 인식시켜 주어야 한다.

학년별 효과적인 국어 공부법

1학년 국어 공부 : 영역별 기초 공부

1학년은 아직 언어 발달이 덜 된 시기로 다른 사람의 말을 정확하게 이해하고 자기 생각을 정확하게 표현하는 것이 서툴기 때문에 듣기, 말하기, 읽기, 쓰기 영역의 기초를 다지는 데 중점을 두어야 한다. '말하기·듣기'를 잘하려면 자기 생각을 자신 있게 말하고, 상대편 말을 바른 자세로 주의 깊게 듣는 습관이 기초가 되어야 한다. 만화영화나 동화책을 활용하여 주인공이나 글쓴이가 되어 말하기, 뒷이야기 상상하여 말하기 등의 활동을 함께하는 것이 말하기와 듣기 능력을 키우는 데 도움이 된다.

읽기 공부를 위해서는 소리 내어 정확하게 읽는 연습을 하는 것이 먼저다. 글의 전반적인 내용을 미리 파악하고 읽으면 내용을 놓치지 않고 읽어가는 데 효과적이다. 동화책을 읽기 전 그림을 보고 떠오르는 이야기 말하기, 주인공이라고 생각하고 말하기 등의 방식을 활용해 보자.

쓰기 공부는 순서에 맞춰 글자를 반복적으로 써보는 훈련에 힘써야 한다. 글씨 쓰기는 소근육과 필력이 필요해서 쓰기 자체를 힘들어하는 아이도 있다. 글씨 쓰는 것을 너무 싫어한다면 연필보다 부드럽게 써지는 크레파스나 색연필로 시작하는 방법도 있다. 국어 부교재인 국어 활동책을 활용하여 쓰기 연습을 꾸준히 하는 것이 좋다.

 # 2학년 국어 공부 : 생활 속 국어 공부

2학년은 학교나 가정생활 속 경험을 통해 공부라기보다 의사 소통의 중요한 도구라는 것을 느끼게 해주는 것이 중요하다. 1학년 때 함께 공부했던 친구들과 작별인사의 말을 나눠보고, 2학년 친구들 앞에서 자기소개를 멋지게 하는 경험을 가져보는 것은 말하기와 듣기 능력을 기르는 첫걸음이 된다. 이를 위해서 평소에 가정에서도 가족들 앞에서 자기 소개하는 기회를 자주 갖도록 하는 것이 좋다.

2학년은 말하기에서 글쓰기로 무게중심이 이동하는 시기이다.

따라서 일기와 독후감 쓰기를 시작하는 것이 필요하다. 일기는 있었던 일 중에서 가장 기억에 남는 일을 쓰게 하면서 자연스럽게 훈련해야 한다. 독후감은 생활 동화나 위인전을 읽고 느낀 점을 한두 줄 정도 써보는 것부터 시작해보면 좋다.

 # 3학년 국어 공부 : 원인과 결과 이해하기

3학년은 자신이 들은 이야기를 원인과 결과로 나누어봐야 하는 시기이다. 그러므로 이야기를 듣고 나서 원인은 무엇이고 그로 인한 결과는 무엇인지에 대해 말하는 연습을 하는 것이 필요하다.

또한 선생님과 부모님의 말씀, 친구들의 이야기에 귀를 기울여 듣는 습관을 기르도록 도와주어야 한다. 남의 이야기를 잘 듣게 되면 다양한 지식과 경험이 쌓이기 마련이다. 이를 통해 현재의 화제에 알맞은 내용으로 상대방의 흥미와 관심을 끌면서 대화하는 법을 배울 수 있다. 여러 가지 이야기들을 자신의 경험과 연관 지어서 읽고 쓰는 것 또한 큰 도움이 된다.

도서관에 가서 교과서에 나온 작품들의 원작을 찾아 읽어 보는 것도 좋다. 교과서 외에 다양한 책을 접하며 자기 생각과 느낌을 효과적으로 표현하는 법을 익혀야 하는 시기이다. 책을 읽고 나서 자신의 느낌을 적어보거나 매일 일기를 쓰는 것도 글과 친해지고 생각을 표현하는 좋은 훈련이다.

4학년 국어 공부 : 사전 활용과 중심 내용 파악하기

4학년의 경우 새로운 단어와 고급 용어를 익히기 좋은 시기이다. 신문 읽기를 통해 새로운 단어의 뜻과 의미를 파악하는 한편, 기사에 대한 자기의 생각을 정리해보며 논술의 기본기를 갖추는 것이 필요하다. 그런데 막상 사전을 찾아보면 단어 설명에 쓰인 말이 더 어려워 그냥 사전을 덮는 아이들이 많다. 이때 아이가 모르는 어휘는 바로 설명해 줄 것이 아니라 먼저 글의 문맥을 통해 추측해보도록 한다. 어려운 단어가 나왔을 때 비슷한 말이나 반대말을 찾아보면 어휘력이 더 풍부해진다.

4학년에서는 글의 종류에 따른 특성과 중심 내용을 잘 이해하는 것이 중요하다. 이를 위해 중심 문장 찾기와 뒷받침 문장 찾기 연습을 꾸준히 해야 한다. 이와 더불어 글 속에서 궁금증을 찾아 스스로 질문해보는 적극적인 노력도 필요하다.

무엇보다 우리말과 글에 대한 가치를 알고 애정을 갖도록 해야 한다. 줄임말, 외래어, 은어를 무분별하게 쓰기 시작하는 시기인 만큼 바르고 고운 말을 쓰는 습관을 길러주어야 하며, 항상 좋은 글과 책을 가까이 하도록 관심을 가져야 한다.

5학년 국어 공부 : 사실과 의견/ 주장과 근거 구분하기

5학년에서는 문맥을 정확히 파악하는 힘을 길러야 하며, 사실과 의견, 주장과 근거를 구별하는 안목이 필요한 시기이다. 특히 비문학 지문 비중이 늘어나기 때문에, 중심 내용을 파악하기 위해서는 기초 어휘력과 풍부한 배경 지식이 필요하다.

문학의 경우 은유적으로 표현되었거나 내포된 의미를 찾아내는 훈련이 국어 실력 향상에 좋은 발판이 된다. 이전까지는 동화나 위인전 중심의 독서였다면 역사·과학·경제·수학 등 다양한 분야의 글을 접해야 한다. 이런 점에서 여러 성격의 글이 실려 있는 교과서는 가장 좋은 독서 교재이다. 방학을 이용하여 교과서를 동화책 읽듯 죽 읽어놓으면 국어 시간이 수월하게 느껴지고 집중도 잘 될 것이다.

6학년 국어 공부 : 글을 읽고 요약하기

6학년에서는 요약을 잘하는 것이 중요하다. 따라서 글을 읽고 요약하기, 선생님의 설명 듣고 요약하기, 책에서 중요하다고 생각되는 내용이나 궁금한 부분을 자기만의 언어로 요약해 보는 연습이 필요하다.

지은이가 글을 쓴 목적이 무엇인지를 생각하며 읽으면 글을 이해하는 데 도움이 된다. 읽기를 잘하면 쓰기가 쉬워진다. 글쓰기는 읽을 사람이 누구인지 생각하고, 글을 쓴 의도가 잘 드러나는지를 살펴야 한다. 다 쓴 다음에는 다시 읽어보며 어색한 문장을 고치는 습관을 길러야 한다. 소리 내어 읽어보면 더 좋다. 매끄럽고 자연스러운 글을 쓰고자 노력하는 습관이 잡히면 중학교 국어에도 어렵지 않게 적응할 수 있을 것이다.

온라인 국어 공부 TIP

저학년 때는 기본적인 쓰기의 기초를 다져야 하는데, 이때 받아쓰기 앱이 유용하다. 서너 번 정도 아이와 함께 연습을 해보면 부모의 도움 없이도 스스로 받아쓰기 연습을 할 수 있을 것이다.

고학년이 되어도 맞춤법이나 띄어쓰기가 안 되는 학생들이 의외로 많다. 바른 우리말 사용에 대한 인식을 심어주는 것 역시 중요하므로 '한글 달인'이나 '허당 문선생의 즐거운 한글 공부' 같은 앱을 활용해 보는 것도 좋다. 속담이나 고사성어의를 재미있게 배울 수 있는 앱들도 많다.

수학
개념 이해로 수학 자신감

초등 수학에서 무엇보다 중요한 것은 수학에 대한 흥미와 자신감을 심어주는 일이다. 그러나 4학년만 넘어가도 수학을 포기하는 아이들이 많아진다는 것이 현실이다. 초등생에게 수학은 어렵고 하기 싫은 공부인데, 학부모들은 성적이 오르지 않으니 더 많이 시키게 되면서 악순환이 반복된다.

교육과정이 개정되면서 다들 수학은 개념이 중요하다고 강조하지만, 학원이나 가정에서는 여전히 수학을 문제풀이 위주로 시킨다. 게다가 많은 문제를 빠른 시간 내에 풀기를 원한다. 아이들은 문제를 빨리 풀기 위해서 개념과 원리를 생각하기보다 공식을 외워서 풀게 된다. 자기 머리로 생각하지 않기 때문에 조금만 문제를 응용해도 어려워한다.

아이들을 지도하는 교사나 학부모 모두 수학 공부에 대한 기존의 편견을 버려야 할 때가 됐다. 점수에 연연하지 말고 아이들이 중고등학교에 가서도 수학을 즐길 수 있도록 도와주어야 한다. 초등 수학에서는 차근차근 개념을 이해하면서 대한 흥미와 자신감을 갖도록 하는 것이 가장 중요하다는 것을 명심해야 한다.

영역별 수학 공부 이해하기

초등 수학은 수와 연산, 도형, 측정, 규칙성과 문제해결, 확률과 통계 5가지 영역으로 나눈다. 영역별 계통 학습으로 연계되어 있기 때문에 개념을 정확하게 파악해야 기본을 탄탄히 다질 수 있다.

수와 연산

수와 연산 영역에서는 자연수, 분수, 소수의 개념과 사칙연산을 다룬다. 수와 연산은 초등 수학 전체에서 차지하는 비중이 60%를 넘으며, 저학년인 1~2학년 때에는 80~90%에 육박할 정도로 중요하게 다뤄진다.

초등기에 가장 중점을 두어야 할 것은 아이가 수의 개념을 충분히 이해하고 적용하는 것이다. 하루 수학 공부 시간은 연산 학습 시간은 15분, 교과 학습 시간은 15분~30분으로 시작하면 좋다. 각자 문제를 푸는 속도와 난이도에 따라 권장 시간은 달라질 수 있지만 교과 과정을 고려할 때 이 정도만 집중해서 공부할 수 있다면 초등 단계에서는 부족하지 않다. 목표로 정한 시간 동안에는 집중해서 공부하도록 칭찬과 함께 충분한 심리적 보상을 해주는 것이 좋다.

도형 영역

도형 영역에서는 평면도형과 입체도형의 개념, 구성요소, 성질과 공간 감각을 다룬다. 초등학교에서 가장 먼저 배우는 도형은 입체도형이다. 눈으로 보고, 만질 수 있는 조작 활동을 통해 도형을 먼저 배우고 나면 입체도형의 단면인 평면도형을 배운다.

도형 영역은 주변의 사물을 관찰하면서 차이점과 공통점을 찾아가며 용어와 개념을 확립시키는 것이 중요하다. 직관과 공간 감각이 필요하기 때문에 기본 개념을 정확하게 이해해야 뒤에 가서 더 복잡한 내용을 받아들일 수 있다. 예를 들어서 '원이 뭐지?'라고 아이에게 물어봤을 때 원의 정의를 명확하게 대답할 정도가 되어야 한다.

측정 영역

측정 영역에서는 시간, 들이, 무게, 각도, 넓이, 부피의 측정과 어림을 다루는데, 어림잡거나 단위를 이용해서 양을 수치화하는 것을 익힌다. 1학년에 배우는 시각은 몇 시와 몇 시 30분으로 아날로그 시계에서 긴 바늘과 짧은 바늘의 위치를 보고 읽을 수 있어야 한다.

학년이 올라갈수록 추상적인 내용으로 확장되며 단위도 점점 커지기 때문에 다양한 방식으로 단위 감각을 익혀야 한다.

5, 6학년 때는 원주율, 평면도형의 넓이, 입체도형의 겉넓이와 부피 등을 다루는데, 어렵다고 대충 넘어가지 않도록 꼼꼼하게 확인해야 한다.

규칙성과 문제해결 영역

규칙성과 문제해결 영역에서는 규칙 찾기, 비, 비례식을 다룬다. 여러 복잡한 현상에서 규칙을 찾아 추론할 수 있도록 도와주는 영역이다. 초등학교 저학년에서는 숫자나 도형의 반복을 통해 규칙성을 배우기 때문에 무리 없이 이해하는 편이나 고학년이 되면 비와 비율, 비례배분 등이 함수의 기초로 이어지기 때문에 어려워한다. 무엇보다도 비, 기준량, 비교하는 양, 비율, 백분율 비례식, 비례배분 각각의 용어들을 제대로 이해해야 한다.

고학년에서 배우는 규칙성과 문제해결 영역은 많은 학생들이 어려워하는 부분으로, 각 개념의 연관성 그리고 차이점을 정확하게 알아야 한다. 뿐만 아니라 문제에 적용하여 활용하는 방법도 이해해야 한다.

확률과 통계영역

다양한 자료를 토대로 미래를 예측하고 합리적인 결정을 내리는 데 필요한 능력을 기르는 영역이다. 저학년 때 통계적 감각을 제대로 익혀 놓으면 특별한 어려움 없이 초등과정을 마칠 수 있다. 자료 수집부터 분류, 정리와 도식화 과정까지 자료의 특성을 파악하는 훈련이 필요하다. 특히 그래프는 수학뿐만 아니라 과학, 역사 등 다른 과목에서도 자주 등장한다. 어려운 내용이 아니라도 소홀히 하지 말아야 한다.

학년별 수학 공부법

1, 2학년 수학 공부 : 수학의 흥미 중요

1, 2학년은 수 개념을 깨우치고 기본적인 사칙연산을 배우는 시기이며, 수학에 흥미를 느끼느냐 마느냐가 판가름 날 수 있는 시기다. 따라서 수학을 재밌고 친근하게 느끼게 하는 데 중점을 둬야 한다. 구구단의 경우 무작정 외우기보다는 단순 연산을 재미있는 방법으로 반복하면서 연산에 대한 감각을 익히게 한 후 구체물 등을 활용하여 구구단의 원리를 이해하게 해줘야 한다.

1, 2학년 때에는 교구를 많이 활용한다. 교구를 통해 접하는 수학만 좋아하고 혼자 몰두해야 하는 문제 풀이는 싫어한다면, 두 활동

이 서로 연관되어 있고 결국 같은 것임을 인식시키는 설명이 필요하다.

[1학년 수학]

- 기본적인 덧셈과 뺄셈 위주로 연산을 충분히 연습하기
- 10 기준의 모으기와 가르기는 구구단 외우듯 많이 하기
- 구체물 조작 활동이 도움이 되므로 손가락을 이용한 덧셈과 뺄셈 허용하기
- 정확한 표현력 익히기(측정, 덧셈(합)과 뺄셈(차)의 서술형 표현)

[2학년 수학]

- 동수누가의 개념을 이해하여 구구단 습득하고, 곱셈의 원리 익히기
- 도형 관련 용어 정확하게 알기 (선분, 직선, 평면도형, 입체도형 등)
- 길이 재기, 시계 보기, 쌓기나무 조작 등 체험을 통하여 익히기

3, 4학년 수학 공부 : 본격적인 예습과 복습 중요

초등학교 3~4학년에 접어들면, 본격적으로 예습과 복습을 통해 수학을 공부해야 한다. 3학년 아이들은 처음으로 수학이 어렵다고 느끼는데 바로 분수 때문이다. 직관적인 학습에서 추상적인 학습으로 확장되고, 앞에서 이해하지 못하고 넘어간 영역이 있다면 그와 연계된 단원에서도 당연히 문제가 생긴다.

특히 초등학교 3, 4학년 정도 되면 학생들의 연산력에 편차가 드러나기 시작해서 연산 처리 속도가 곧 수학 실력이라고 생각할 수 있다. 친구들보다 연산 능력이 떨어지면 위축될 수 있으므로, 평소에 정확한 계산과 연습의 중요성을 인식하도록 지도해야 한다.

수학 공부에 지쳐 있는 아이라면 새로운 방식으로 기분전환의 기회를 주는 것도 필요하다. 수학 동화를 읽고 감상문을 쓰거나, 수학 관련 게임을 하거나, 수학 관련 체험을 한 뒤 체험보고서를 쓰는 등 다양한 방법을 시도해 보는 것이다. 다음은 3, 4학년에 관심을 갖고 신경써야 하는 부분이다.

[3학년 수학]

- 분수 개념 정확하게 이해하기
- 수직선이나 그림을 활용하여 수학적 개념과 연산 익히기
- 나눗셈의 의미를 알고 계산에 숙달하기
- 도형과 측정, 확률, 통계 영역에서는 실생활과 놀이를 통한 훈련 필요
- 색종이 등을 활용하여 도형 모양 관찰하기

[4학년 수학]

- 자연수의 사칙연산과 분수, 소수 완벽 이해하기
- 도형 영역에서의 개념 이해하기 (직각, 수직, 수선 등)
- 평면도형의 둘레와 넓이의 기초개념 이해하기

- 문장제 문제, 서술형 문제 등 다양한 유형의 문제 풀어보기

5, 6학년 수학 공부 : 선행보다 개념 누수 확인 중요

5학년에서 배우는 수학 개념은 중등 수학과 연계되므로 중요하다. 하지만 중학 수학을 선행하기보다는 이전 학년에서 부족했던 영역과 단원들을 반드시 이해하는 데 역점을 두어야 한다. 현재까지 배워 온 수학 개념들을 확실하게 이해해야 중학교에 가서 수학 실력이 흔들리지 않는다. 개념을 확실히 이해했다면 다양한 문제를 풀어보는 연습도 필요하다.

아이의 역량에 따라 달라지지만 수학은 하루 1시간 이상 공부하는 습관을 들여놔야 한다. 수학을 어려워한다면 개념을 못 잡는 건지, 문제를 정확하게 이해하지 못하는 건지, 연산에서 실수를 하는 건지 원인을 파악해서 해결하도록 한다.

[5학년 수학]

- 수학을 가장 어려워하는 시기이므로 포기하지 않도록 관심 갖기
- 영역별 취약한 부분을 찾아 기초를 쌓아주고 응용력 기르기
- 분수와 소수의 혼합계산 실수 줄이기
- 중등수학과 연계되는 최대공약수, 최소공배수, 통분, 약분 등의 정확한 개념 이해하기
- 각도와 도형의 성질과 원리 이해하기

[6학년 수학]

- 문제 푸는 시간이 오래 걸린다면, 연산 훈련 점검하기
- 비와 비율/규칙성 영역 정확한 개념 이해하기
- 응용 심화 문제 풀 때 문제의 양보다는 질, 속도보다 정확함 강조하기
- 문제 해결에 대한 자신감 기르기

온라인 수학 공부 TIP

앞서 강조한 것처럼 초등 수학은 수학에 대해 흥미를 갖고 개념을 정확히 이해하는 것이 중요하다. 여기에 도움이 될 만한 프로그램으로 EBS math(http://www.ebsmath.co.kr)를 추천한다. 학생들에게 익숙한 영상, 웹툰, 게임 등 다양한 형태로 제작되어 학습에 대한 부담을 걷어내고 재미있게 배울 수 있다.

지면으로 된 연산 문제를 지겨워한다면 자연스럽게 수준을 높이면서 성취감도 얻을 수 있는 연산 앱을 활용해 보자. 다만, 숫자를 정확하게 쓰는 연습도 중요하므로 지면 학습도 어느 정도 병행해야 한다.

개념 설명이 아이 수준에 맞지 않아서 수학을 어려워할 수도 있다. 만약, 학교나 학원 수업이 맞지 않다면 수준에 맞는 온라인 강좌를 찾아주는 것도 좋다.

사회
사회 현상에 대한 관심과 배경지식 쌓기

아이들이 뉴스를 보다가 '역사 왜곡은 왜 일어날까?', '여름에 대구는 왜 더 더울까?' 같은 질문을 할 때가 있을 것이다. 이렇게 지나간 역사나 현재 우리 사회의 현실에 대해 배우는 과목이 사회 교과이다.

사회 교과는 정치, 경제, 문화, 역사, 지리 등 우리를 둘러싼 모든 환경에 대해 다루기 때문에 학습 부담감이 작지 않다. 외워야 할 내용이 너무 많아 수학보다 더 싫어하는 아이도 있다. 하지만 사회는 우리 일상과 가장 밀접하게 연관되어 있고 우리 삶의 일부가 사회이므로 다른 어떤 교과보다도 재밌게 배울 수 있다.

사회 교과는 1, 2학년에서는 통합교과의 형태로 가족, 학교, 이

웃, 우리나라, 봄, 여름, 가을, 겨울 8가지 영역으로 배우고, 3학년부터 정식 사회 교과로 배운다. 5학년부터는 사회 교과에 역사가 포함된다.

사회 공부의 기본 살펴보기

사회 현상에 관심 갖기

아이들이 사회 현상에 관심을 갖게 하려면 어떻게 해야 할지 막연하겠지만, 아이들은 부모의 말 한마디에 생각이 달라지기도 한다. 식사를 하면서 틈나는 대로 최근 사건이나 뉴스에 관해 대화를 시도해 보는 것이 출발점이다. 한 지인의 아이는 한동안 슬라임 카페에 가서 놀 만큼 슬라임을 좋아했는데, 슬라임의 유해성 논란에 관한 뉴스를 함께 보고 이야기하면서 슬라임을 끊었다고 한다. 이처럼 평소에는 관심도 없던 뉴스가 자신의 삶과 무관하지 않다는 것을 알게 되면 아이들은 뉴스에 관심을 갖게 되고, 나아가 뉴스에서 다루는 사회현상에도 눈을 돌리게 된다.

어린이 신문을 구독하는 것도 좋은 방법이다. 〈어린이 경제 신문〉이나 〈어린이 동아〉, 〈어린이 조선일보〉, 〈알바트로스〉를 추천한다. 알바트로스는 영어 시사, 입문 그룹, 시사 그룹으로 나뉘어 있어 학년이나 주제에 따라 선택하여 구독할 수 있다. 처음에는 별 관심이 없다가도 부모가 가끔 들려주는 재미있는 기사 때문에 신문을 보기 시작하게 되는 경우가 많다. 사회 공부의 시작은 사회 현상에 대한 관심이다. 관심이 생길 때 공부할 마음도 생긴다.

어린이 경제신문

어린이동아

어린이 조선일보

그림, 지도, 도표, 사진과 친해지기

사회 교과서를 펼쳐 보면 그림, 도표, 지도, 사진이 대부분이다. 왜 그럴까? 사회 교과에서 그만큼 중요하기 때문이다. 사회는 현장 체험이 많이 필요한 교과이다. 그러나 현장 수업의 한계로 교과서에 실린 자료들로 간접 체험을 해야 하는 경우들이 많다. 따라서 사회 교과 공부를 할 때는 그림, 지도, 도표, 사진을 보는 법을 알려주고 그 중요성을 인식시켜 주는 것이 좋다. 특히 우리나라 지도나 세계지도는 한 벽면을 차지할 정도로 큰 것으로 준비하여 수시로 보게 하고 공부할 때나 뉴스 볼 때 자주 활용하는 것이 좋다. 지명과 위치를 잘 알게 되면 그 지역의 경제, 문화, 역사 등을 이해하기가 훨씬 쉽다.

또한 그래프나 도표 등 자료를 해석하는 연습을 통해 자료 분석력을 길러주어야 한다. 그래프나 도표에서 나오는 자료의 제목이나 수치의 의미를 이해하지 못하면 사회 문제를 제대로 풀 수가 없다.

[초등 사회 교과서-그림/지도/도표/사진]

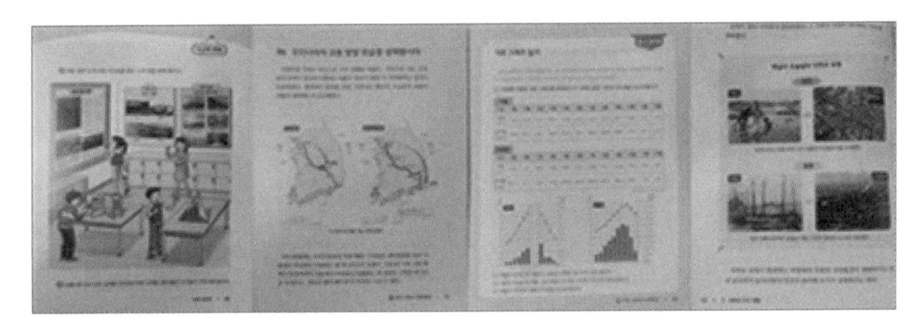

체험 학습 활용하기

체험 학습은 거창하지 않아도, 멀리 가지 않아도 된다. 방학을 이용해 우리 고장과 관련된 책 한 권을 들고 인근의 문화유산, 중요인물 관련 유적지, 편의시설 등을 살펴보는 것도 일종의 체험학습이다. 관련 기관에서 진행하는 행사에 참여하여, 전자지도 스탬프 투어를 해보는 것도 좋다. 스마트폰을 이용해 사진이나 동영상을 직접 촬영하고, 작은 수첩에 방문한 곳의 장소, 본 것, 느낀 점을 정리하는 것도 훌륭한 사회 공부다.

학년별 사회 공부법

[1, 2 학년 통합교과]

저학년의 통합교과 시간에는 조사한 내용 발표하기, 놀이하기, 공연하기, 감상하기 등 여러 가지 활동을 한다. 이런 활동은 추후 3~6학년 학습이나 학교생활에 꼭 필요하므로 적극적으로 참여하도록 독려하는 것이 좋다.

통합교과는 다른 교과에 비해 학교 수업에 필요한 준비물이 많다. 알림장에 잘 적어와서 빠짐없이 준비하는 습관을 들여야 한다. 평소 학습에 활용되는 가위, 풀, 악기 등의 사용법도 미리 숙지하게 한다.

[3학년 사회 공부]

3학년 사회는 우리 고장에 대해 학습하는 내용이 중심을 이룬다. 따라서 아이들이 현재 살고 있는 고장에 대해 관심을 갖게 하는 것이 필요하다. 사회 과목은 생소한 용어가 많이 나오고 배경지식도 필요하다. 하지만 그 배경지식이라는 것이 난해한 것이 아니다. 가깝게는 마트에 같이 가거나 우체국, 은행, 병원 등을 방문하면서 관련 정보들을 찾아볼 수도 있고, 지명에 관련된 재미있는 책들도 많다.

또한 각 지역에서 발행하는 지자체 소개 책자를 활용해도 좋다. 3

학년 사회 교과에서 지역화 부교재를 활용할 수 있는 단원은 3학년 1학기의 '우리 고장의 모습', '우리가 알아보는 고장이야기', 3학년 2학기의 '환경에 따라 다른 삶의 모습'이다. 해당 단원을 공부할 때 지역화 부교재를 옆에 두고 보면 고장의 지명이나 유래, 행정구역, 문화유산, 산업 등의 내용을 쉽게 조사할 수 있다.

[4학년 사회 공부]

4학년 사회는 3학년과 크게 다르지 않고 우리 지역의 자연환경이나 자매결연, 인구 문제 등을 다룬다. 다만 비교적 어려운 용어와 함께 암기해야 할 내용이 많아 학습량이 늘어난다. 무조건 암기하는 것은 효과도 없고 힘들기 때문에 내용을 이해하는 데 중점을 두어야 한다. 예를 들어 '태백산은 눈축제', '지리산은 철축제' 식으로 암기하는 것이 아니라, 태백산은 고산 지대라서 겨울철에 눈이 많이 오고 지리산에는 철쭉이 많이 피기 때문에 그런 축제가 열린다는 것을 먼저 이해해야 하는 것이다.

아이들이 4학년 사회를 어려워하는 이유는 지도와 도표가 많이 나오기 때문이다. 우리나라 공업지역, 다양한 지역 특산물 등 그림과 도표로 제시되는 정보가 많다. 처음에는 지도와 도표 등이 암호처럼 어려워 보이겠지만 자주 보고 직접 그려보면 산과 강의 위치, 지방의 특산물까지 수월하게 정리할 수 있다.

[5학년 사회 공부]

5학년 1학기 사회는 국토와 환경, 정치 등 우리 실생활에 관련된 내용으로 이루어져 있다. 그래서 사회를 배우기에 가장 좋은 장소는 생활 현장이다. 가족과 여행하면서 지리와 우리 국토에 대해 배울 수 있고, 백화점이나 시장, 편의점을 이용하면서 경제에 대해 배울 수도 있다.

5학년 2학기부터는 고조선부터 시작하여 6.25 전쟁까지 한국사의 전반적인 흐름과 연계되는 내용을 배운다. 역사는 과목 특성상 내용이 방대해 부담을 느낄 수 있다. 그래서 드라마나 학습 만화를 활용하기도 하는데 흥미와 호기심을 가질 수 있는 요소와 학습적인 요소의 비중이 균형을 이루도록 하는 것이 중요하다. 특히 역사적 사실과 내용이 다른 드라마나 만화는 각별한 주의와 지도가 필요하다.

역사에 쉽게 접근할 수 있는 길 중 하나가 인물 학습이다. 인물이 겪게 되는 역사적 사건과 시대적 배경 등을 이해할 수 있도록 도와주면 역사와 금세 친근해질 수 있다. 통사적인 흐름을 이해하기 위해서 연대표를 정리하는 것도 많은 도움이 된다. 또한 사회과 부도는 사회와 역사 공부의 좋은 부교재이다. 항상 옆에 두고 공부하는 습관을 들이는 것이 좋다.

[6학년 사회 공부]

6학년 사회는 5학년 사회의 연장선이다. 6학년 1학기까지 역사를 함께 배우기 때문에 스토리텔링으로 전체적인 통사를 이해할 수 있어야 한다. 역사 학습에 동기를 부여하고 싶다면 '한국사능력검정시험'을 활용하는 방법도 있다. 아이가 역사에 대한 지식수준을 스스로 평가해볼 수 있고 이를 통해 자신에게 맞는 역사 공부법을 찾아갈 수 있다. 단, 시험이라는 부담을 주는 것은 좋지 않다.

6학년에서는 우리나라뿐 아니라 세계 여러 국가에 대해서도 배운다. 학교에서 배운 나라를 세계지도나 지구본에서 함께 찾아보면 지식이 입체화되어 기억하기에 효과적이다. 세계의 다양한 문화에 대한 배경지식이 필요하므로 적절한 관련 도서를 구비해 주는 것도 필요하다.

이때 쯤에는 사회 현상에 대한 주제를 정해 자기 생각을 정리하고 발표하는 시간이 늘어난다. 사건의 원인과 결과를 바탕으로 자기 생각을 발표한다든지, 특정 사회 현상에 대해 토론하거나 자기 생각을 뒷받침하는 논거를 세워 발표한다. 이런 수업은 중학교에 가서 수행평가와 연결되므로 이에 대한 어려움이 없는지 살펴보아야 한다.

온라인 사회 공부 TIP

온라인으로 사회 공부를 한다면 디지털 교과서를 추천한다. '디지털교과서'(webdt.edunet.net)는 초등학교 3~6학년, 중학교 1~3학년의 사회·과학·영어 교과에 대한 멀티미디어 자료와 평가 문항을 제공한다. 디지털 교과서를 내려 받으면 교과서 내용은 물론 관련 동영상과 학습 활동들도 짧은 영상으로 볼 수 있다.

스마트폰이나 인터넷을 활용해 학습할 수도 있다. 3학년 1학기 1단원에는 디지털 영상 지도를 활용하여 고장의 지형지물 위치를 공부하는 내용이 나온다. 실감나는 사회 공부를 위해 교과서에 나오는 국토지리정보원 누리집은 물론 구글어스, 포털사이트, 각 시청이나 구청 누리집 등을 검색해 학습할 수도 있다.

국토교통부 사이트 국토지리원에 들어가면 지도 관련 재미있는 정보가 많을 뿐만 아니라 백지도를 다운받아서 출력할 수도 있다. 우리나라 지도와 세계지도가 있는데 명칭을 넣어서 출력할 수도 있고 명칭 없이 출력할 수도 있다. 각 도시나 국가, 수도 이름에 친숙해질 수 있는 방법이다.

사회는 이해를 통한 암기가 중요하고 암기한 내용이 장기 기억이 될 수 있도록 해야 한다. 사회, 과학과 연관된 앱을 활용하면 암기한 내용도 확인할 수 있고 지루함도 덜 수 있다.

국토지리정보원과 함께라면
어렵지 않아요!
우리나라 지도가 궁금하다면?
지도에 대해 더 공부하고 싶다면?
어린이지도여행에서 시작하세요!
오른쪽에서 궁금한 메뉴를 클릭하여 함께 공부해봐요.
백지도
다운로드
지도백과
김정호
이야기

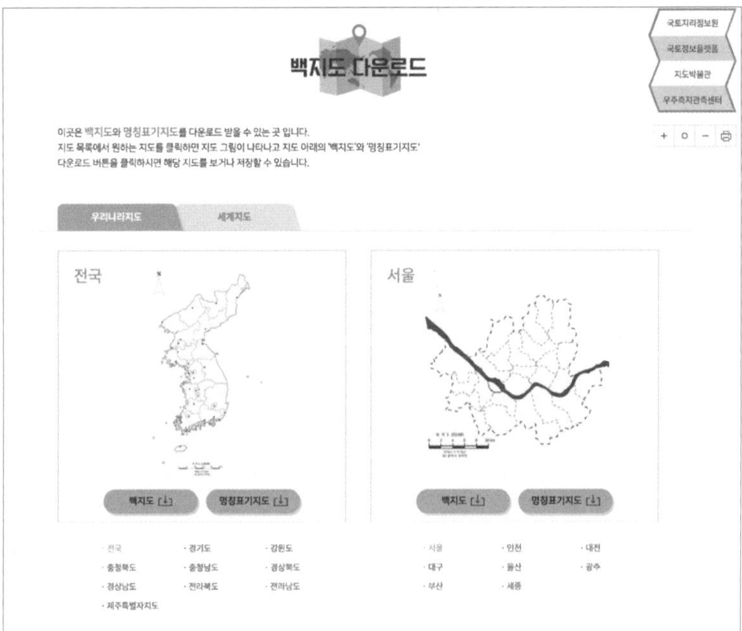
국토지리정보원
국토정보플랫폼
지도박물관
우주측지관측센터
백지도 다운로드
이곳은 백지도와 명칭표기지도를 다운로드 받을 수 있는 곳 입니다.
지도 목록에서 원하는 지도를 클릭하면 지도 그림이 나타나고 지도 아래의 '백지도'와 '명칭표기지도'
다운로드 버튼을 클릭하시면 해당 지도를 보거나 저장할 수 있습니다.
우리나라지도
세계지도
전국
서울
백지도
명칭표기지도
· 전국
· 경기도
· 강원도
· 충청북도
· 충청남도
· 경상북도
· 경상남도
· 전라북도
· 전라남도
· 제주특별자치도
· 서울
· 인천
· 대전
· 대구
· 울산
· 광주
· 부산
· 세종

과학
생활 속 과학 호기심과 실험 관찰

과학은 우리 생활과 아주 밀접하게 관련되어 있다. 주변을 잠깐만 둘러보아도 우리 생활 곳곳에 과학적 원리가 숨어 있다는 것을 알 수 있다. 생활 속에서 과학의 원리를 발견하는 힘이 바로 호기심이다. 인류의 발전은 호기심이 만들어낸 결과라고 할 수 있다. '인간이 하늘을 날 수는 없을까?'라는 호기심이 비행기를 만들었고, '달에 생명체가 있을까?'라는 호기심이 우주 로켓을 만들어냈다. 초등 과학 공부를 통해 중고등 과학을 준비하는 것도 필요하지만, 집점 사라지고 있는 아이들의 호기심을 깨워주는 것은 더 중요하다. 호기심과 발견의 기쁨 없이 하는 과학 공부는 고역일 뿐이다.

과학 교과는 자연 관찰과 실험 등이 주를 이루기 때문에 실험 과정과 결과를 알아야 한다. 아이들은 실험을 좋아하기는 하지만 어려워하기도 한다. 과학 용어들이 생소하거나 어렵고 실험 과정이 복잡해서 결국 외워야 하는 공부가 되기 때문이다. 따라서 아이들의 과학적인 호기심을 자극하면서 효과적으로 공부하는 방법을 고민해야 한다.

과학 공부의 기본 살펴보기

다양한 과학도서와 과학 잡지 구비

자녀에 대한 투자 중 가장 효과가 좋은 것은 바로 언제든지 볼 수 있는 책이다. 저학년은 그림책을 보면서 자연에 대한 호기심을 갖게 하는 것이 좋다. 밖에서 관찰한 달팽이나 무당벌레, 꽃과 나무 등을 보고 와서 책을 통해 더 구체적인 내용을 알게 되면 독서 습관도 잡히면서 과학에 대한 흥미를 높일 수 있다.

과학 단행본으로 넘어가는 고학년부터는 서점에 가서 아이가 관심 있는 분야의 책을 고르도록 해주는 것이 좋다. 간혹 흥미를 위해 학습 만화를 많이 보려고 하는데 그보다는 그림이나 사진이 많이 들어가 있는 책을 권장한다. 학습 만화는 지루하지는 않겠지만 흥미만 남고 정확한 지식으로 남지 않는 경우가 많다.

책과 별도로 〈어린이 과학동아〉나 〈과학 소년〉, 〈우등생 과학〉 같은 과학 잡지를 구독하는 것도 좋다. 다양한 과학 소재들과 최근의 이슈를 담은 주제가 균형 있게 수록되어 있으므로, 자칫 호기심이 사그라드는 고학년에게 지적 호기심을 자극할 수 있다.

 # 실험 결과 정리하기

과학 교과서는 실험이 많은 분량을 차지하고 그만큼 중요하다. 그런데 실험 결과는 아이들이 학교에서 '실험관찰' 책에 정리하기 때문에 각자의 수준에 따라 내용정리가 천차만별이다. 그러므로 매 단원 실험 결과가 나오는 부분은 노트에 한 번씩 정리해 보는 것이 필요하다. 이때, 오래 기억에 남고 재미있게 정리하는 방법으로 '실험 나무 노트' 만들기가 있다. 미리 키워드 트리(tree)를 만들어 놓고 빈칸 채우기를 하는 방법으로 쉽고 간단하게 실험 내용을 정리할 수 있다. 또는 문제집에 나와 있는 요약정리를 복사하나 뒤 빈칸을 만들어 문제집에 다시 붙여주고 정리하게 하는 방법도 있다.

체험학습 활용하기

과학관에서는 생태체험관, 천문관 등의 다양한 프로그램이 운영되고 있다. 직접 보고 만져보고 들어보고 느낄 수 있는 체험을 통해 과학에 대한 흥미가 커질 수 있다. 방학이나 주말을 이용하여 함께 다녀보고 자녀가 관심 갖는 분야에 대해 책이나 인터넷을 통해 더 자세히 알아보도록 도와주자.

학년별 과학 공부

과학은 물리, 화학, 생물, 지구과학 4가지 영역으로 나뉜다. 1, 2학년은 통합교과로 배우고 3학년부터 본격적인 과학 학습이 시작된다. 4가지 영역이 학년별로 연계되어 있기 때문에 한 학년에서 소홀하면 다음 학년에도 영향을 미치게 된다.

다음은 학년별 과학 교과서 목차이다.

학년/학기	3학년	4학년	5학년	6학년
1학기	물질의 성질 동물이 한살이 자석의 이용 지구의 모습	지층과 화석 식물의 한살이 물체의 무게 혼합물의 분리	온도와 열 태양계와 별 용해와 용액 다양한 생물과 우리 생활	지구와 달의 운동 여러 가지 기체 식물의 구조와 기능 빛과 렌즈
2학기	동물의 생활 지표의 변화 물질의 상태 소리의 성질	식물의 생활 물의 상태 변화 그림자와 거울 화산과 지진 물의 여행	생물과 환경 날씨와 우리 생활 물체의 운동 산과 염기	전기의 이용 계절의 변호 연소와 소화 우리 몸의 구조와 기능

[1, 2학년 통합교과]

1, 2학년 때는 통합교과를 통해 우리 주변에서 일어나는 자연 현상을 배우게 된다. 이 시기는 직접 보고, 듣고, 만지고, 느끼는 과정을 통해 사물과 상황이 어떻게 변하는지 관찰하게 해주는 것이 중요하다.

아이가 '왜?, 어떻게?'라는 질문을 할 때 적극적으로 함께 답을 찾아가며 아이의 호기심을 충족시키는 것이 과학에 흥미를 갖게 해주는 첫 단추라고 할 수 있다. 과학에 동화적 요소를 가미한 과학 동화를 읽으면 과학적 원리를 쉽게 이해하는 데 도움이 된다.

[3, 4학년 과학 공부]

초등학교 3학년 때부터 본격적인 과학 학습을 시작하게 된다. 교과서는 실험을 통해 여러 가지 개념을 이해하도록 구성되어 있고 수업도 실험 위주로 진행한다. 그래서 단순 암기 방식은 과학 교과에 맞지 않다.

현상이 왜 일어나는지 관찰해보고, 어떤 결과가 나올지 예상해보는 과정에서 개념과 원리를 확실하게 체득할 수 있다. 과학은 원리와 개념이 중요한 과목이기 때문에 배운 것을 바로바로 내 것으로 만들어야 한다.

4학년 과학부터는 수평, 풍화, 응결 등 낯선 과학 용어들이 많이 등장한다. 처음 듣는 단어가 나오면 아이들은 과학을 어려워하기 쉽다. 이런 경우 사전이나 인터넷 백과사전을 사용해서 용어를 확실히 이해할 수 있게 도와줘야 한다. 그래야 다음 단계로 넘어가는데 어려움이 없다. 과학을 좀 더 쉽고 재미있게 접하고 싶다면 과학교실이나 과학 캠프 등에 참여하는 것도 좋다.

[5, 6학년 과학 공부]

5, 6학년 과학은 3, 4학년에 배운 기초과학 지식을 배경으로 스스로 생각하고 탐구하는 내용이 많다. 과학 용어가 한자로 많이 되어 있으므로 한자 공부를 함께 하면 용어를 좀 더 수월하게 이해할 수 있다.

실험이 이해되지 않을 때는 동영상을 활용하는 것도 좋다. 이해하기 어려운 부분은 실험 동영상을 반복해 보면서 과정이 결과에 어떤 영향을 주는지를 눈여겨보게 한다.

모든 과목이 그렇겠지만, 과학은 특히 흥미가 뒷받침되어야 하는 과목이다. 과학 관련 책을 읽으면서 과학에 대한 관심을 높이고 배경지식을 쌓아 가면 과학이 즐거워질 것이다. 초등 고학년의 경우 과학책을 선택할 때 통합적 사고력을 키울 수 있는 책을 고르는 것이 좋다. 인문학, 환경, 철학 등 여러 분야와 연결하여 과학적 원리를 생각해주는 책이 도움이 된다.

5, 6학년 과학은 배운 내용을 정리하는 습관이 매우 중요하다. 이 습관은 중학교에 올라가서도 많은 영향을 미친다. 새로운 용어나

실험 과정과 결과를 반드시 노트에 정리하고 정리한 내용을 설명하는 연습까지 해보면 금상첨화다.

온라인 과학 공부 TIP

온라인으로 과학 공부를 할 수 있는 최적의 방법은 바로 다양한 실험 동영상을 활용하는 것이다. 디지털 교과서나 앞서 소개했던 사이언스 레벨업 사이트를 활용해도 좋다. LG 사이언스랜드에서 과학 전자책을 대여하는 방법도 있다.

국립과학박물관, NASA at Home 같은 사이트에서는 아이와 함께 집에서 할 수 있는 실험을 다양하게 제공한다.

[국립과학박물관]

[NASA at Home]

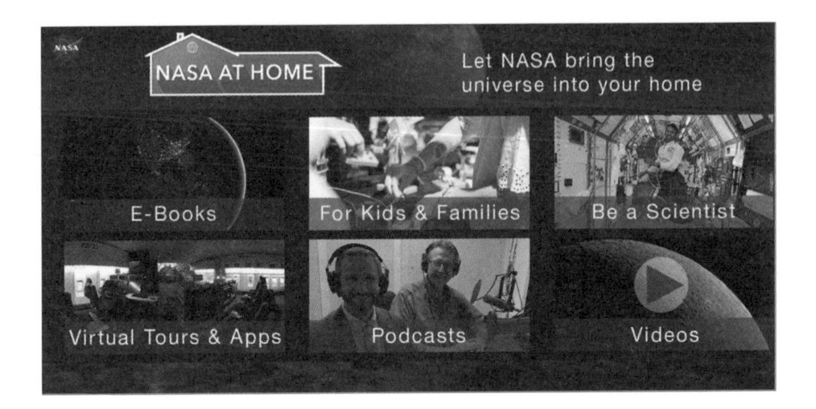
NASA
NASA AT HOME
Let NASA bring the universe into your home
E-Books
For Kids & Families
Be a Scientist
Virtual Tours & Apps
Podcasts
Videos

영어
영어로 소통하는 즐거움

영어는 교과목이기 전에 하나의 언어(외국어)이다. 글로벌 시대를 맞이하여 그 중요성을 말할 나위도 없는 세계 공용어이자 지식과 정보 교환 수단의 대표적 언어이다. 외국어를 배우는 목적은 그 언어를 이해하고 적극적으로 사용하여 의사소통을 원활하게 하기 위함이다. 이제 글로벌 인재로 성장하기 위해서 영어는 필수가 되었다.

우리나라는 이미 초등 영어의 중요성이 널리 인식되고 있기 때문에 조기교육, 사교육 시장 1위를 차지하고 있다. 그런데도 왜 우리 아이들의 영어는 모국어처럼 늘지 않을까? 언어가 아닌 교과목으로만 다루거나 단순히 영어와 친해지게 하는 데 중점을 두기 때문이다.

초등학교 영어 교육과정의 목표는 일상생활에서 사용하는 기초적인 영어를 이해하고 표현하는 능력을 기르는 것이다. 이를 위해 자신의 수준과 학습 방법에 맞는 말하기, 읽기. 쓰기, 문법 등의 영역별 학습이 병행되어야 한다. 영어 점수에 만족하기보다는 실질적인 영어 실력을 기를 수 있도록 꾸준히 연습하는 것이 중요하다.

영어 공부의 기본 살펴보기

영어와 친숙해지기

아이가 영어에 관심을 갖게 하기 위해서는 애니매이션이나 방송 프로그램, 쉽고 재미있는 동영상 등을 활용하여 자연스럽게 영어에 노출시키는 것이다. 이외에도 영어 동요, 영어 낱말 퀴즈, 영어 만화 등 다양한 방법이 있다.

요즘 수준 높고 검증된 아동용 영어 학습 프로그램은 무궁무진하다. 아이가 흥미를 느끼면서 수준에도 맞는 프로그램을 선택하는 것이 중요하지만, 짜임새 있는 학습 관리와 부모의 끈기가 뒷받침되어야 한다. 가정마다 환경도 다르고 부모의 교육관이 다르기 때문에 전문 교육 기관을 선택해야 되는지에 대해서는 정답이 없겠지만, 아이가 영어 발음이나 억양 등 소리에 익숙해지고 영어에 대한 두려움을 극복할 수 있도록 도와주는 것이 기본이다.

영어의 기본 어휘력 다지기

영어 교과서 학습의 80%는 어휘라고 할 수 있다. 영어 단어를 제대로 모른다면 독해가 안 되고 듣기 역시 어렵다. 실제로 수능 영어를 치른 수험생을 대상으로 조사한 결과 수능 영어가 어려운 이유는 지문에 나오는 어휘가 어렵다는 응답이 가장 많았고, 어휘력 증진을 수능에 가장 필요한 공부로 꼽았다. 꼭 수능 시험이 아니더라도 어휘를 모르면 외국인과의 대화 자체가 어렵기 때문에 어휘력은 무엇보다 중요하다.

초등 영단어를 출판사별로 확인할 수 있는 스마트 단어장을 활용하는 것도 좋다. 한 단어씩 슬라이드 하면서 외울 수 있도록 구성되어 있으며 테스트를 통해 어휘 실력도 점검할 수 있다. 시중에 어휘 게임도 많이 나와 있고, 그 외에 영어 낱말 카드나 스티커 북을 활용하는 방법도 있다.

단어를 암기할 때는 예문을 통해 어휘의 뜻을 명확하게 이해하는 방식으로 가야 한다. 어휘에는 한 가지 뜻으로만 쓰이는 것이 아니라 여러 가지 뜻이 있고 명사형, 형용사형의 단어 형태가 달라진다는 것도 알아두어야 한다.

학년별 영어 공부법

[1학년 영어 공부 : 파닉스로 읽기 독립 준비]

학교 영어 수업이 시작되는 초등 3학년까지 2년의 여유가 있으므로, 파닉스와 회화 실력을 다지기 좋은 때이다. 소리는 철자로, 철자는 소리로, 양방향으로 학습한다는 점에서 파닉스는 한글의 자모를 익히는 원리와 같다. 모국어 습득 순서에 따라 영어 듣기를 충분히 했다면 한글의 자모를 배우는 시기에 파닉스를 함께 시작하면 좋다.

전체 영어 단어 85%는 파닉스 규칙을 따르는데, 이런 단어는 스펠링을 외울 필요 없이 발음만 정확히 알면 되기 때문에 파닉스 규칙을 따르지 않는 예외적인 단어만 외우면 된다. 파닉스 교재에 나오는 단어를 외워서 어휘력의 기초를 마련하고, 쉬운 파닉스 리더스북 읽기를 반복해서 읽기의 독립을 준비해야 한다.

[2, 3학년 영어 공부 : 회화 수업 미리 대비]

초등학교 3학년 때 시작하는 최근의 학교 영어 수업은 100% 원어민 선생님이 진행하는 추세이다. 그러므로 수업을 따라가기 위해서는 기본 회화 실력이 필요하다. 3학년 수업 시간에 처음 영어를 접하고 재미있어하는 아이도 있지만, 매사 연습이 필요한 신중한 성향의 아이라면 위축될 수 있다.

영어 회화를 처음 시작하는 아이들에게 영어 교과서는 좋은 교재이다. 영어 교과서는 쉽고 정확하며 예의 바른 영어 표현을 소개하기 때문에, 기본기를 다지면서 영어 자신감을 키워주는 데 더할 나위 없이 좋다.

[4, 5학년 영어 공부 : 논픽션 리딩으로 배경지식을 쌓고 어휘 익히기

초등학교 3학년까지는 선생님 말씀만 잘 들어도 학교 수업을 따라갈 수 있지만, 4학년이 되면 교과 내용을 이해하는 데 어느 정도 배경 지식이 필요하다. 이전까지 영어 동화나 회화 위주로 재미있게 영어를 공부했다면 초등 4학년부터는 글을 읽고 쓰는 리터러시(Literacy) 위주의 영어 공부를 대비하게 된다.

흥미 위주의 영어 동화를 읽는 수준에만 머물러서는 중고등학교에서 높은 영어 성적을 받기 힘들다. 실제로 시험에 나오는 리딩 지문들은 주로 다양한 지식을 요구하는 과학, 문화, 사회, 경제, 스포츠, 연예 등의 논픽션 지문들이다. 따라서 초등학교 고학년이 되면 본격적으로 논픽션 리딩에 들어가는 것이 좋다.

초등학교 4학년쯤 되면 단어 외우기를 시작하는 것이 필요하다. 진지한 영어책을 시작하기 전에 단어 암기와 독해를 동시에 할 수 있는 교재로 어휘의 산부터 정복해야 한다. 더불어 배경지식을 쌓아야 영어 독서도 포기하지 않고 지속할 수 있다.

[6학년 영어 공부 : 문법 공부 시작]

초등학교 6학년이 되면 본격적으로 문법을 공부해야 한다. 이 시기에는 체계적인 사고가 가능하기 때문에 암기보다는 이해가 먼저인 문법을 공부하기에 적절하다. 문법을 알아야 정확한 독해와 논리적인 말하기, 쓰기가 가능해지므로, 문법공부는 중고등학교 영어 교과서를 따라가기 위한 필수 관문이라고 할 수 있다. 중학교에서는 문법이 바로 시험 문제로 연결되므로, 초등학교 6학년 때 한 문법 공부는 중학교 내신 성적에 영향을 끼친다. 어휘와 문법은 영어 학습에서 굉장히 중요한 영역이다. 이 두 가지만 확실하게 잡아도 영어 기본기를 장착한 셈이다.

온라인 영어 공부 TIP

3, 4학년의 경우 디지털 교과서 활용을 추천한다. 학교에서 배운 영어를 집에서 복습용으로 활용하기에 좋다. 연극이나 동화 등 실감나는 영어 학습도 가능하다.

영어에 흥미를 느끼고 자연스럽게 빠져게 하는 방법 중 하나가 바로 영어책 읽기이다. 서책형 영어책도 좋지만 음성과 영상이 지원되는 영어 온라인 도서관을 활용하면 독서 습관 잡기에 더 효과적이다.

[영어 디지털 교과서]

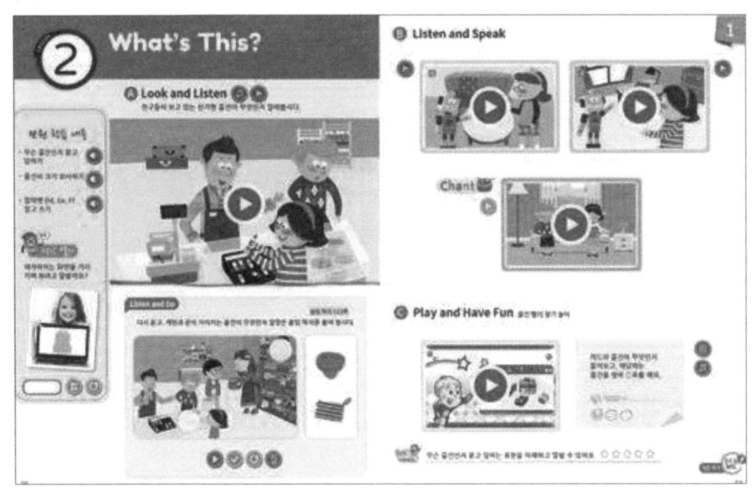

[무료 온라인 도서관 Oxford Owl]

자녀의 자기주도력은 부모의 자기주도력에서 온다

아이는 부모의 뒷모습을 보고 자란다

아이에게 교육에서만큼은 최선을 다하고 싶은 것이 부모의 마음이다. 말이 안 된다고 생각하면서도 똑똑한 아이로 키우고 싶은 마음에 두뇌발달에 좋다는 우유를 찾아 먹인다. 발달 단계에 맞는 놀이 학습이 중요하다고 생각하여 비싼 교구를 들이고 선생님을 붙여주며 아이가 더 똑똑해지기를 바란다.

글로벌 시대에는 영어가 필수라고 하니 비싼 영어 유치원에 보낸다. 아이가 텔레비전에서 흘러나오는 영어 몇 마디를 알아듣고 따라하면 영어 교육비가 아깝지 않다. 시즌마다 과학 캠프, 영어 캠프,

진로 캠프 등 도움 된다 싶은 캠프는 다 참여시킨다.

이렇게 키웠기에 아이한테서 부족한 모습이 보이면 어느 순간 걱정을 넘어 화가 나는 자신을 발견한다. 부족한 부분을 찾아서 채워주어도 또 빈틈이 보인다. 이제 알아서 할 법도 한데 입만 벌린 채 엄마를 바라보는 아이를 보면 허탈해진다. 그러면서 자신이 도대체 무엇을 잘못했는지 뒤돌아보기 시작한다. 아무리 생각해도 알 수가 없다. 답답한 마음뿐이다. '그래도 지금까지의 노력이 헛되지는 않겠지'라고 자위하며 다시 아이의 부족한 부분을 채워줄 방법을 고민한다. 이렇게 많은 학부모가 불안 속에서 부모 주도의 쳇바퀴에서 벗어나지 못하고 있다.

"아이는 부모의 뒷모습을 보고 자란다"는 말이 있다. 부모의 말이 아닌 행동하는 모습을 보며 자란다는 말이다. 요즘 부모들에게 '자녀를 어떤 아이로 키우고 싶으신가요?'라고 물으면 '스스로 알아서 하는 자기주도적인 아이로 키우고 싶다'고들 한다. 그런데 아이에게 보여주는 부모의 모습은 정작 어떠한가? 자녀를 키우면서 자기주도적으로 키우고 있는가를 생각해 보자는 것이다.

자녀의 부족한 부분이 있다면 부모가 직접 아이를 들여다보아야 한다. 그런데 누군가 내 아이에 대해 말해주는 것을 판단의 기준으로 삼는 경우가 많다. 물론 전문가의 도움이 필요한 부분은 있다. 하지만 누군가에게 아이의 상태를 묻기 전에, 묻고 싶은 그 부분을 아이와 직접 대화해보고 살펴보는 것이 우선 아닐까?

자녀가 학업의 보충을 위해 다니고 있는 학원이랑 맞지 않다고 털어 놓으면, 어떤 부분이 어려운지를 자녀에게 물어야 한다. 그런데 어떤 부분이 어떻게 안 맞는지 구체적으로 살펴보지 않는다. 그러고는 학원을 옮겨 문제를 해결하려 한다.

부모가 아이에 대해 잘 모르니 당연히 학원의 판단과 시스템에 따르게 된다. '모르니까 학원에 보내는 것인데 그게 뭐가 잘못인가'라고 생각할 수 있다. 하지만 내 아이의 문제를 제대로 모른 채 학원에 의존해서 판단하는 건 주도적인 부모의 모습이 아니다.

예를 들어, 현재 다니는 학원에서 선생님의 설명이 아이의 수준에 맞지 않는 문제를 '학원이 나랑 안 맞는다'라고 표현할 수도 있다는 정도는 알고 있어야 한다. 그렇다면 학원 상담을 할 때 주체적인 입장에서 학원의 상황을 물어야 한다. 우리 아이의 정확한 수준을 알고 싶은데 수준을 파악하는 시스템이 있느냐, 있다면 그 결과에 따라 어떻게 수준별 수업이 진행되느냐 같은 질문을 던져야 한다는 것이다.

부모가 자기 주도력이 없으면 결국 옆집 아이가 다니는 학원, 공부 잘하는 아이가 다니는 학원, 교육정보통으로 통하는 학부모가 알려주는 학원에 아이를 보낼 수밖에 없다. 그러고 나서 막상 아이가 따라가지 못하면 그것이 학원이나 아이 탓이 된다. 이렇게 되면 부모는 좋은 학원에 보내주었는데 아이가 따라가지 못하는 무능력한 아이가 되고 이는 아이의 자존감 저하로 이어진다.

아이에게 맞는 좋은 학원에 보내고 싶다면 부모가 생각하는 좋은 학원의 기준이 있어야 한다. 자신의 교육 가치관을 세우고 그 가치관에 맞는 학원을 선택할 수 있어야 한다. 그러기 위해서는 자녀에게 이해가 가도록 설명을 잘 해주는 선생님이 중요한지, 빈틈없는 커리큘럼으로 학습에 누수가 없게 하는 것이 중요한지, 학습보다는 동기를 부여하고 자존감을 갖게 해주는 것이 중요한지, 기본적인 등하원 관리나 숙제 관리부터 챙겨주는 것이 더 중요한지를 생각해봐야 한다.

대부분 학부모는 이 모든 것이 다 중요하다고 생각하고, 학원은 이 모든 것을 다 해준다고 장담한다. 그러므로 이중에서 아이에게 중요한 것의 우선순위를 정해야 한다. 그래야 아이가 무심코 던진 '엄마 나 이 학원이랑 안 맞아요' 하는 말에 휘둘리지 않고, 학원에서 '어머님, 우리 00이가 아주 잘하고 있어요'라는 말에 안심하지 않는다. 옆집 엄마가 '요즘 이 학원이 뜬다던데 같이 보내볼래요?'라는 말에도 흔들리지 않는다.

학원을 예로 들었지만 다른 부분도 마찬가지이다. 아무리 좋은 캠프와 해외연수라도 아이의 의향이 중요하다. '누군가 거기 갔다 왔더니 실력이 늘었다더라, 진로를 정했다더라'는 말에 현혹되어, 아이의 상황을 따져보지도 않고 무작정 보내면 결과는 좋기 어렵다. 물론 아이는 별로 생각이 없었는데 보냈더니 의외로 잘 적응하고 좋아했던 경험도 있을 것이다. 그러나 부모와 아이가 명확한 목적과 의지, 의사를 가지고 참여한다면 훨씬 더 좋은 결과가 나올 것이다.

온라인 학습과 부모의 자기주도력

코로나로 인해 온라인 학습이 보편화되면서 이제 스마트 기기도 게임기만이 아닌 학습의 도구가 될 수 있다는 인식이 자리잡았다. 그러나 어떻게 온라인 학습을 효과적으로 할 수 있을까에 대한 고민은 더 많아졌다. 좋은 온라인 콘텐츠는 많지만 정작 우리 아이 수준과 성향에 맞는 콘텐츠는 무엇인지 판단해야 하기 때문이다. 또한 스스로 그런 자료를 활용할 수 있는 능력은 되는지도 살펴보아야 한다.

좋은 온라인 학습 시스템 또한 많이 나와 있다. 주변의 이야기나 블로거나 유투버의 리뷰 등에만 의존해서 판단하지 말고 아이와 함께 직접 체험도 해보며 적극적으로 노력해야 한다. 그렇지 않으면 아무리 좋은 콘텐츠라도 학습 효과를 거두기 어렵다.

부모의 자기주도력은 아이를 마음대로 할 수 있는 능력이 아니다. 중학교만 가도 자신의 생각이 자리잡기 때문에 부모의 주도력이 먹히지 않는다. 하지만 초등기는 어느 정도 부모의 의도를 따라준다. 그렇기 때문에 초등기 부모의 자기주도력이 더 중요하다. 부모가 누군가의 말에 흔들리면 아이는 그런 부모의 뒷모습을 보고 흔들릴 수밖에 없다.

부모든 아이든 스스로 고민하며 흔들리는 것은 문제가 되지 않는다. 오히려 더 많이 흔들려 봐야 흔들리지 않는 힘이 생긴다. 중고등학교에 가서 자녀가 흔들리지 않는 공부 역량을 갖기를 바란다면, 부모 스스로 주도력을 갖춰야 한다. 부모의 자기주도력이 확실할 때 걱정 없이 자녀에게 공부 주도권을 넘길 수 있다.

학부모가 흔들리지 않으려면 불안하지 않아야 한다. 불안하지 않으려면 아이의 잠재력을 믿어야 한다. 부모도, 선생님도, 친구도 발견하지 못한 잠재력을 자녀는 스스로 찾을 수 있다는 믿음을 '긍정지지'라는 신호로 보내는 것이 우선되어야 한다. 조금 부족하더라도, 조금 느리더라도 지켜봐주고 기다려줄 때 아이의 자존감도 흔들리지 않는다.

파도가 휘몰아치는 밤바다에서 배가 선착장에 잘 도착할 수 있는 것은 저 멀리 묵묵히 서서 불빛을 보내는 등대가 있기 때문이다. 아이에게 흔들리지 않는 공부 역량을 제대로 키워주고 싶은 부모라면 느긋한 마음으로 자녀를 지켜보며 자신부터 흔들리지 않는 모습을 보여주어야 한다.

초등 온라인 자기주도 공부법

2021년 7월 15일 초판 1쇄 인쇄
2021년 7월 20일 초판 1쇄 발행

지은이 | 유경숙
펴낸이 | 이병일
펴낸곳 | **더메이커**
전　화 | 031-973-8302
팩　스 | 0504-178-8302
이메일 | tmakerpub@hanmail.net
등　록 | 제 2015-000148호(2015년 7월 15일)

ISBN | 979-11-87809-40-1 03590